安全文化建设书系

紧急避险与自救

张 寅◎编著

西安电子科技大学出版社

图书在版编目 (CIP) 数据

紧急避险与自救 / 张寅编著 . — 西安 : 西安电子科技大学出版社 , 2013.1

ISBN 978-7-5606-3031-1

Ⅰ . ①紧… Ⅱ . ①张… Ⅲ . ①紧急避难②自救互救 Ⅳ . ① X4

中国版本图书馆 CIP 数据核字 (2013) 第 028152 号

紧急避险与自救

张　寅　编著

责任编辑：雷鸿俊
出版发行：西安电子科技大学出版社（西安市太白南路 2 号）
电　　话：（029）88242885 88201467　　邮　编 710071
网　　址：//www.xduph.com　　电子邮箱：xdupfxb001@163.com
经　　销：新华书店
印刷单位：北京兴星伟业印刷有限公司
版　　次：2013 年 4 月第 1 版　2013 年 4 月第 1 次印刷
开　　本：710 毫米 ×1000 毫米　1/ 16　印　张 11
字　　数：165 千字
印　　数：1 ～ 5000 册
定　　价：21.80 元
ISBN 978-7-5606-3031-1
XDUP 3323001-1

目 录

第五节　远离动物伤害

附录　学生伤害事故处理办法

第一章

意外事故概论

一、意外事故概述

1．意外事故

意外事故是发生在人们的生产、生活活动中的意外事件。意外事故是人（个人或集体）在为实现某种意图而进行的活动过程中，突然发生的、违反人的意志的、迫使活动暂时或永久停止的事件。

事故的含义包括：

（1）意外事故是一种发生在人类生产、生活活动中的特殊事件，人类的任何生产、生活活动过程中都可能发生事故。

（2）意外事故是一种突然发生的、出乎人们意料的意外事件。由于导致事故发生的原因非常复杂，往往包括许多偶然因素，因而事故的发生具有随机性质。在一起事故发生之前，人们无法准确地预测什么时候、什么地方、发生什么样的事故。

（3）意外事故是一种迫使进行着的生产、生活活动暂时或永久停止的事件。事故中断、终止人们正常活动的进行，必然给人们的生产、生活带来某种形式的影响。因此，事故是一种违背人们意志的事件，是人们不希望发生的事件。

意外事故是一种动态事件，它开始于危险的激化，并以一系列原因事件按一定的逻辑顺序流经系统而造成一定的损失，即事故是指造成人员伤害、死亡、职业病或设备设施等财产损失和其他损失的意外事件。

2. **学校意外事故**

学生伤害事故又叫“学校意外事故”。广义上的“学校意外事故”是指在学校发生的学生、教员、设施、设备的事故以及盗窃、火灾等其他灾害的总称；狭义的“学校意外事故”指与在教育活动密切相关的活动中发生学生受伤、疾病、死亡事故。

学校意外事故涵盖以下几方面：

（1）是对成长中的青少年的一种人身权侵害；

（2）是在青少年成长阶段，过团体生活时所发生的事故；

（3）是青少年在学校活动中发生的事故，这种学校活动是在学校范围内发生，青少年所无法避免的；

（4）事故绝大多数是在教师专业性活动中发生的；

（5）事故是在青少年接受教育权利下因学校有提供安全的义务而发生的；

探讨事故的发生，旨在强化安全措施，预防再发生并追究法律责任。这是目前为止对学校意外事故所下的比较全面的定义。

学校意外事故是学生在校期间所发生的人身伤亡事故，它的基本内涵是：

（1）事故发生在中小学生接受学校教育期间（未在校学习的未成年人不属此范围）；

（2）受害者为未成年受教育者（而不是教育者或成年受教育者）；

（3）行为人已经对受害者造成了伤害的结果（受伤、致残或死亡）；

（4）与学校活动有联系（与学校活动无关系的个人行为不属于此范围）；

（5）学校如果有过错，对此要承担全部或部分责任。这里特别需要强调的是，“学校意外事故”既是一个时间概念，也是一个空间概念；既可能发生在校内，也可能发生在校外；既可能发生在上学及上课期间，也可能发生在放学及下课期间；既可能发生在学期、学年常规教学时间内，也可能发生在寒、暑假。不能把“学校意外事故”仅仅理解为一个地理概念或时间概念，而应综合学校意外事故的内涵和外延来认识和理解。发生学校意外事故，学校及教师该不该承担责任，不在于事故发生的地点或时间，关键看学校及教师工作中有无过错，是否存在侵权行为，而学校及教师是否有过错，是否有侵权行为，应以事实为根据，以法律为准绳。概念反映事物的本质属性，正确理解学校意外事故的概念，应从事故本身的性质考虑，而不能仅仅从现象出发，那种认为只要学生伤害事故发生在校内，学校无论有无过错都要承担责任的认识是失之偏颇的，也不利于公正地确定学校在中小学生伤害事故中的责任认定以及承担责任后赔偿原则的适用。

3. **校内学生人身意外事故**

校内学生人身意外事故一般是指学生在校期间因各种原因而发生的人身伤害事故，也包括不在校内，但属于学校组织的活动（如春游、节日庆祝、集会等）中发生的人身伤害。这类事故的范围、种类、原因是复杂的，许多是不可预料的，往往与学校设施、管理实施、管教方法、学生的行为等因素有关。

社会的进步、经济的飞速发展、人民生活的提高，对教育管理，尤其是安全管理提出了更高的要求。“以人为本”的人性化管理措施和制度正是我们现代教育管理要突破的。由于目前我国此方面的法律法规尚不健全，相关校园人身伤害事故的责任界定、处理、赔偿等法律依据的缺失，使得此类事故发生后，学校和家长往往陷入纠缠不清的官司之中，双方苦不堪言，严重影响了正常的教育教学秩序和家庭的正常生活。正确分析校内学生人身意外伤害事故，研究应对策略是现代学校管理的一项重要工作。

二、学校意外事故的特点

学校意外事故与一般的医疗事故、交通事故相比，有其自身特点，这主要表现在：

（1）当事人对事故的发生一般情况下多数是出自疏忽大意、过失、渎职，很少是出自故意伤害的意图。

（2）绝大多数受害者为不满 18 周岁的中小学生，事故的发生常常与儿童活泼好动的天性有关，而且受害者本人也往往有过错。

（3）事故的处理常常涉及学生家长、教师、学校、教育行政部门及其他校外有关部门等多方利益。

（4）独生子女的增多为事故的处理带来了巨大压力，家长对独生子女伤害心理上不堪忍受，同时给学校也带来了巨大的心理压力。

（5）事故处理的直接后果是经济赔偿，教育经费不足使学校难以承受赔偿费用。学校教育经费本来就不足，一旦发生索赔诉讼，对学校来说无疑是雪上加霜。

具体而言，目前我国学生伤亡事故及其处理主要具有以下特点：

（1）绝大多数事故的受害者为不满 18 周岁的未成年学生。从身心发展来看，处在中小学这一年龄段的儿童顽皮好动，一方面他们的活动范围远大于学龄前幼儿，另一方面他们又不具备成年人的自我保护能力和预见行为后果的能力，因此特别容易受到意外伤害。根据这一特点，今后若制定“学生伤亡事故处理办法”或类似法规，应以在校中小学生为主要对象，针对他们的身心特点，制定出尽可能具体、易操作的防范措施。

（2）学校意外事故的处理常常涉及多方利益。工伤事故、医疗事故或交通事故，一般都涉及当事人双方的利益，如工厂与工人、医院与病人、司机与行人等。但学校意外事故往往会牵涉到学生、学生家长、教师、学校以及校外有关部门等多方关系。

（3）独生子女的增多为学校意外事故的处理带来了巨大压力。许多教师反映，20世纪六七十年代，学校意外事故发生后，家长一般较能体谅学校的处境。而现在不同，城市家庭基本上都是独生子女，一旦受到伤害，哪怕是轻微的伤害，家长也会对学校提出种种要求。如果是致残或死亡事件，家长更是痛不欲生。家长对独生子女的意外伤害从心理上不堪忍受，这是可以理解的，但由此也给学校带来了巨大的心理压力。校长们普遍反映：现在别的不怕，就怕学生出事。教师们也感叹：现在的教师是越来越难当，责任太重大了！

（4）教育经费不足使学校难以承受赔偿费用。由于教育经费严重不足，一旦遇到事故，对学校来说，便无异于雪上加霜。很多校长在巨额赔偿费用面前忧心忡忡，一筹莫展。

三、学校周边常见的意外事故

学校意外事故从不同的角度可以有不同的分法。按事故发生的地点，可分为校内事故和校外事故。校内事故又可分为课余事故和课内事故。校外事故是指学校组织的春游、扫墓、社会实践等校外活动中发生的意外伤害。从事故的表现形式来看，又可分为游戏型事故、恶作剧型事故和失职型事故。游戏型事故是指学生游戏时不小心发生的伤害，致害人一般不是故意伤害他人，也未考虑可能引起的后果。恶作剧事故是指伤害者往往故意伤害别人，但由于年龄尚小，没有考虑将会产生的后果。根据调查，从事这类恶作剧行为的往往是品行、成绩都较差的学生。失职型事故往往和学校的设备简陋或教师的工作责任心不强有关。从学校对事故所负责任大小的角度，可分为学校直接责任事故、学校连带责任事故和学校无责任事故。再从事故处理过程中学校与外单位关系的角度，又可分为学校内部事故和涉及外单位事故两种情况。前者指在学校内部就能解决的事故；后者指必须与外单位协商才能解决的事故。春游、参观等校外活动中发生的翻车、翻船等意外事件就属于这种情况。

校内学生意外人身伤害事故常见的有以下几类：

1. 学生课外游戏时受伤

小学生生性爱好游戏，但他们的自我控制能力、运动平衡能力相对较差，游戏时的相互碰撞、跌倒等现象时有发生，即便教师在现场，儿童的伤害也是不可避免的。儿童在活动中很难对自己的行为进行有效的控制，决定了不小心绊倒、相互之间的碰撞以及其他的伤害都是不可避免的。

2. 课内事故

一般来说，上课时间发生的事故，学校负有不可推卸的责任，因为上课是在教师的直接监管之下进行的。虽然课堂伤害事件不多，但有时也会因教师擅离岗位而酿成不幸。为防止课堂事故的发生，一定要加强教师的职业道德教育，特别要告诫教师上课时不要随意离开课堂。

3. 运动伤害

由于课程性质所定，体育课及课外活动较易引起伤害事故发生。轻则擦伤、碰伤，重则残废、死亡。在各种体育活动中，最易引起伤害的，当属跳箱、体操、铁饼、标枪、球类、游泳等项目。有时，因运动器材简陋、设备陈旧也会引起伤害事故。运动伤害，重在防范。作为学校，应当建立必要的保护措施；作为教师，应当增强工作责任心，加强管理和监督，这样才能把这类事故降至最低程度。

4. 因教学设施原因引起的事故

学校房舍以及体育活动用具如攀登架、秋千、楼梯扶手及其他器具、设施年久失修，存在着安全隐患，一旦发生事故，学校必须承担相应的责任。学校如未及时更换已经陈旧老化的器械、设施形成事故隐患，而教师又未尽强调学生注意义务，就很容易发生事故。此外，现在许多学校校舍中楼房占大多数，学生经常在教室、楼道、楼梯、走廊内活动，这些地方也是学校容易出事故的地方。

5. 接送和门卫制度不完善导致的事故

学校门卫制度及学生接送制度不完善，很有可能造成学生走失现象。学生走失说明学校管理存在失误，教师未尽看管之职，所以学生离校必须经过班主任或值班教师的同意；学生在校中途因故请假的，必须要求家长接学生离校。门卫制度的不完善也可能导致不法人员侵入，造成严重后果。还有个别家长也会因学生之间的矛盾来学校打骂自己的或别人的孩子，严重影响学校秩序，学校教师一定要留意此类事情，以免造成恶劣的社会影响。

6. 学校组织校外活动引发的事故

学校组织学生外出活动，如果组织不够严密，教师思想上麻痹大意，偶发事件将会不期而遇。所以，学生的校外活动组织一定要把可能发生的事故预料在内，采取必要的预防措施，强调学生一定要遵守纪律，严格按老师和学校的要求做。

7. 儿童自身原因所致事故

儿童处在生长发育的过程中，身体各种机能水平较低。在发生的事故中，很多是因为身体的状况而产生的，如摔伤头、磕掉牙、骨折、坠落、溺水、车祸等。此外，儿童安全知识存在空白区，缺乏一定的防范能力。儿童意外事故发生率的高低与学校、家庭的教育方式有密切的关系。在应试教育影响下，我们有时只重视对孩子的“知识”教育，认为孩子只要学习好，其他方面的知识学不学都无所谓。在低龄儿童中没有一定的安全意识的学生更多。孩子安全意识薄弱，对生活中可能出现的危险缺少应有的防范知识，不知道躲避风险。一定要教育学生：勇敢和不避风险是两码事。避免学生因表现自己而受伤。

8. 监护人防范意识薄弱，缺乏必要的安全知识

个别家长安全意识薄弱，根本想不到孩子会发生意外。儿童意外伤害的发生大多是因为家长、教师和其他监护人缺乏防止儿童意外伤害的意识

和知识教育。

正是由于儿童意外事故的原因复杂，在责任判断的准确度上矛盾很大，所以出现了儿童意外事故后，学校、学生家长之间常因为责任问题持不同认识，以至于问题难以解决，造成不好的影响。

首先，从实际情况来看，虽然有些事故是由于老师的责任心不强或是老师事先没有考虑周全造成的，但更多的是防不胜防的意外事故。如学生在活动中出现摔伤、碰伤等事故。上体育课或参加活动时，老师们恨不得多长出几只眼睛、几只手来照看孩子们。所以对于学校意外事故的责任界定必须有一个公平和公正的法律底线，不能以主观的感觉来判断。

目前我国此方面的法律条文还未健全，相关事故责任界定的法律依据缺失，这也给校内学生人身伤害事故的处理带来麻烦。

作为学校校长，应该以法律为准绳，熟悉必要的法律知识，制定合理的安全工作规章制度，明确教师安全职责与监护措施、户外活动组织安全制度、家长接送孩子安全须知等，以提高教师、家长的安全责任意识。

其次，监护人应树立安全第一的意识，加强安全方面的知识学习，为儿童创设安全、良好的生活环境。儿童意外伤害多发生于家长、教师和其他监护人麻痹大意的情况下，因此儿童监护人应牢固树立安全第一的意识，重视对儿童的保护，时刻把儿童的安危放在心上。这就要求家长切实转变教育观念，提高自身素质，形成良好的生存安全意识，自觉遵守社会道德法规，为孩子树立良好的榜样。

另外，学校可以通过培训会、座谈会、家校联谊会、观摩典型活动与参加主题活动等形式，转变家长教育观念，实现家校共育目标，引导家长积极参与学校管理，提升家长生命意识与生存价值水平。家校实现教育资源共享、双向沟通渠道畅通，从而为儿童生存自护教育提供良好的家庭教育环境。

四、防范意外事故的方法

对于严重危害学生生命安全的意外伤害事故，我们应该提高认识，想方设法提高未成年人自我保护和防范意识，增强未成年人自我保护和防范能力。同时加强学校的监督管理机制，使中小学生的意外伤害事故消除在萌芽状态中。对于以上几点主要的安全事故类型，我们应该分门别类采取针对措施，使学生的生活、学习环境更加安全。

1. 校园火灾事故防范

加强教室、宿舍、食堂等学生长时间驻留地点的易燃物的管理，配备完全的防火材料与灭火器，严格控制学生手中可能存在的易燃物品，如火柴、打火机等，杜绝人为因素导致火灾的隐患；严格进行学校照明、工业用电等用电线路的安全检查工作，禁止使用超大功率的电器设备，及时更换老化和破损的用电线路及设备，防止因电造成的火灾事故；尤其是夏季由于温度过高，空气干燥，容易引起火灾，所以更要加强对火灾的防范。

2. 楼道踩踏事故防范

吸取借鉴有经验学校的做法，有针对性地举行各种紧急撤离演习，防止危机事故发生时出现手忙脚乱的现象；同时加强对学生的素质管理力度，培养和训练学生互帮互助，在紧急撤离时提高人员撤离速度。

3. 车祸事故防范

车祸事故作为中小学生意外伤害事故最多的类型之 ，学校应该对此格外重视。首先，普及提高学生交通安全知识，让学生在校外时遵守交通规则，使交通事故远离中小学生；其次，严格执行学校纪律，对有事外出或者放假时期的学生要做好教育与记录，严格控制学生在校外的时间，如果可能，学生外出时要有教师带领。

4. 游泳溺水事故防范

溺水事故是中小学生意外伤害事故最多的类型之一，学校也应该对此重视。由于溺水事故大多发生在周末或假期，常发生在水库、沟渠、河道等校外地点，所以对学生的纪律教育要求比较高。一方面要对学生进行安全教育，让学生深刻理解溺水事故的多发性及危险性，希望学生远离危险的容易溺水的地点；另一方面，要及时与学生家长沟通，让家长清楚学生放学放假时间，让学生在家也能保证不出现私自外出而造成的溺水事故。

五、意外伤害事故的认定

1. 学生伤害事故的法律构成

学生伤害事故又称学校意外事故，它是指在学校实施的教育教学活动或者学校组织的校外活动中，以及在学校负有管理责任的校舍、场地、其他教育教学设施、生活设施内发生的，造成在校学生人身损害后果的事故。

学生伤害事故可以从不同角度进行不同分类，从责任主体角度可以将学生伤害事故分为：

（1）学校责任事故。它是学校由于过失，未尽到相应的教育管理职责而造成学生的伤害事故。包括学校提供的教育教学设施、设备不符合国家安全标准或有明显的不安全因素；学校的管理制度存在明显疏漏或者管理混乱，存在重大安全隐患；学校教职工在履行教育教学职责中违反有关要求及操作规程；学校组织课外活动时未进行安全教育或未采取必要的防范措施；学校统一提供的食品、饮用水不符合安全及卫生标准，等等。

（2）学校意外事故。它是指学生在正常教育教学活动中发生的伤害事故。它包括由于自然因素及不可抗力造成的学生伤害事故，学生特异体质、疾病，学校和学生自身不了解或难以了解而引发的事故，等等。

（3）第三方责任事故。它是指学校本身提供的各种场地设施和教育教学过程没有问题，而是由第三方的原因导致的伤害事故。它包括校外活动中场地、设施提供方违反规定导致的学生伤害事故，学生明显违反校规而对其他学生造成的伤害事故，等等。另外，从事故原因角度也可以将学生伤害事故分为教育活动事故、学校设施事故及学生间事故。

从法律角度分析，学生伤害事故必须具备五个构成要件：

（1）受害方必须是学生。即在国家或者社会力量举办的全日制学校（包括中小学校、特殊教育学校和高等学校）中全日制就读的受教育者。幼儿园内的幼儿、其他教育机构的学生及在学校注册的其他受教育者发生伤害事故，严格意义上不属于学生伤害事故，但可以参照学生伤害事故的处理方式予以处理。

（2）必须有伤害结果发生。依据有关法律法规规定，这类伤害结果是指身体的直接创伤或死亡，不仅仅包括精神上的伤害。

（3）必须有导致学生伤害事故的行为或者不可抗力。导致伤害结果的原因可以是不可抗力，但更多的是行为，既包括学校领导、教师或者其他管理人员的行为，也可以是学生自身及其他学生的行为，同时，来自校外突发性、偶发性或者其他形式的侵害也是导致学生伤害事故的原因之一。

（4）主观方面，绝大多数是过失，在某些情况下也可以是故意。

（5）从时间和地点上看，伤害行为或者结果必须有一项是发生在学校对学生负有教育、管理、指导、保护等职责的期间和地域范围。

需要特别提及的是，因学校教师或者其他工作人员与其职务无关的个人行为，或者因学生、教师及其他个人故意实施的违法犯罪行为造成学生人身损害的，不应属于学生伤害事故范畴。另外，在学生自行上学、放学、返校、离校途中发生的，在学生自行外出或者擅自离校期间发生的，在放学后、节假日或者假期等学校工作时间以外，学生自行滞留学校或者自行到校发生的，以及其他在学校管理职责范围外发生的学生人身损害事故，是不是属于学生人身伤害事故，存在着不同的意见，但根据教育部颁布的《学生伤害事故处理办法》中关于学生事故的界定和理解，这类事故属于一般的人身伤害事故，而不应该列入学生伤害事故范围。

2. 学生伤害事故的法律责任

法律责任是指违法行为人或违约行为人对其违法或违约行为依法应承

受的某种不利的法律后果。一般而言，违法行为是法律责任的前提和依据，没有违法行为就不会发生法律责任问题。法律责任分为刑事责任、民事责任和行政责任三类。对于以积极或者消极方式实施了导致学生伤害事故发生的行为的主体，都可能涉及这三类法律责任的承担问题。但是，相对于学生伤害事故的受害方而言，主要是指民事法律责任的承担问题或者说是涉及民事赔偿责任的问题。所以这里着重论述在学生伤害事故中如何认定各方的民事责任。

学生伤害事故的民事责任是一种侵权的民事责任，不是违约或者其他民事责任。侵权的民事责任是指侵权人由于过错侵害他人的财产权和人身权（在学生伤害事故中仅指人身权而不包括财产权）而依法应当承担的民事责任。侵权责任的归责原则包括过错责任原则、无过错责任原则和公平责任原则。在学生伤害事故责任认定当中，依据已有法律的规定，均适用过错责任原则。比如，最高院关于《民法通则》若干问题意见第160条规定，在幼儿园、学校生活、学习的无民事行为能力人受到伤害或者给他人造成损害，单位有过错的，可以责令这些单位适当给予赔偿。《教育法》第73和81条、《义务教育法》第16条及《教师法》第37条等等，都有类似于过错责任的规定。2002年9月1日，教育部出台的《学生伤害事故处理办法》（以下简称《办法》）正式实施。在《办法》有关条文中明确规定适用过错责任原则。同时，《办法》把学生伤害事故的民事责任主体分为三类，即学校、学生及未成年学生的监护人、第三人，并分别规定了三类主体在学生伤害事故中应承担的法律责任范围。

1）学校责任

学校责任是指由于学校或者从事职务行为的教师及其他工作人员的过错行为（包括作为和不作为）导致学生伤害事故应承担的民事责任。一直以来，由于法学研究和司法实践对学校责任理解的泛化，一旦出现学生伤害事故，往往被认为是由于学校在教育管理上并不“尽善尽美”所致，并由此认定学校应对此承担一定的损害赔偿责任。学校意外事故责任认定不清，不论对学校和教育工作者的积极性，对教育改革和发展，还是对法律精神的捍卫和法治国家建设都将带来严重的消极影响。因此，对学生伤害事故中学校责任和赔偿范围作科学界定，即对校方过错作科学认定，已成为正确解决类似法律纠纷的一个核心问题。可喜的是，《学生伤害事故处理办法》出台后，对学生伤害事故的学校责任作了规定，基本上明确了学校的责任范围。依据规定，下列行为学校必须承担相应的责任：学校的校舍、场地、其他公共设施，以及学校提供给学生使用的学具、教育教学和生活设施、设备不符合国家规定的标准，或者有明显不安全因素的；学校的安全保卫、消防、设施设备管理等安全管理制度有明显疏漏，或者管理混乱，存在重大安全隐患，而未及时采取措施的；学校向学生提供的药品、食品、饮用水等不符合国家或者行业的有关标准、要求的；学校组织学生参加教育教学活动或者校外活动，未对学生进行相应的安全教育，并未在可预见的范围内采取必要的安全措施的；学校知道教师或者其他工作人员患有不适宜担任教育教学工作的疾病，但未采取必要措施的；学校违反有关规定，组织或者安排未成年学生从事不宜未成年人参加的劳动、体育运动或者其他活动的；学生有特异体质或者特定疾病，不宜参加某种教育教学活动，学校知道或者应当知道，但未予以必要的注意的；学生在校期间突发疾病或者受到伤害，学校发现，但未根据实际情况及时采取相应措施，导致不良后果加重的；学校教师或者其他工作人员体罚或者变相体罚学生，或者在履行职责过程中违反工作要求、操作规程、职业道德或者其他有关规定的；学校教师或者其他工作人员在负有组织、管理未成年学生的职责期间，发现学生行为具有危险性，但未进行必要的管理、告诫或者制止的；对未成年学生擅自离校等与学生人身安全直接相关的信息，学校发现或者知道，但未及时告知未成年学生的监护人，导致未成年学生因脱离监护人的保护而发生伤害的；学校有未依法履行职责的其他情形的。

另外，在发生不可抗力、校外侵害、学生自杀、自伤及具有对抗性或者具有风险性的体育竞赛活动中造成的学生伤害事故，学校没有履行相应的职责、行为措施存在不当等情况的，也要承担相应的责任。除此之外，学校对其他学生伤害事故无须承担法律责任。这样一来，以往那种凡是出现学生伤害事故学校无一例外都要承担法律责任的观念和做法可望得到较大改善，从而有利于学校的生存与发展。

2）学生及未成年学生监护人的责任

学生及未成年学生监护人的责任是指学生及未成年学生的监护人由于过错造成学生伤害事故而应承担的责任。主要包括以下几个方面：①学生违反法律法规的规定，违反社会公共行为准则、学校的规章制度或者纪律，实施按其年龄和认知能力应当知道具有危险或者可能危及他人的行为的；②学生行为具有危险性，学校、教师已经告诫、纠正，但学生不听劝阻、拒不改正的；③学生或者其监护人知道学生有特异体质，或者患有特定疾病，但未告知学校的；④未成年学生的身体状况、行为、情绪等有异常情况，监护人知道或者已被学校告知，但未履行相应监护职责的；⑤学生或者未成年学生监护人有其他过错的；⑥学生自杀、自伤的。从法律的角度明确规定了学生及未成年学生的监护人在造成学生伤害事故当中的法律责任，既有利于学生及未成年学生监护人提高安全意识，减少事故发生，也有利于发生事故后责任的认定，有利于学校教育教学工作。

另外，某些学生伤害事故既不是学校造成的，也不是学生方面或校外主体造成的，而是由于不可抗力、具有对抗性或风险性的体育竞赛活动或者其他意外因素造成的，就无法律责任可言。在这种情况下，既不适用民法上的过错责任原则和无过错责任原则，也没有法律依据可以适用民法上的公平责任原则，所造成的损失只能由受害方自己承担。学校如果有条件的，可以根据实际情况，本着自愿和可能的原则，对受伤害学生给予适当的经济及其他方面的帮助。

3）第三人责任

第三人责任是指学校及受害方之外的主体由于过错造成学生伤害事故而应承担的责任。第三人责任包括两种情况：一是在学校安排学生参加的活动中，因提供场地、设备、交通工具、食品及其他消费与服务的经营者，或学校以外的活动组织者的过错造成学生伤害事故而应承担的责任；二是在校学生由于过错给其他学生造成伤害事故而应由本人或者其监护人承担的责任。

需要指出的是，学生伤害事故的发生，其责任并非一定是某类责任主体单独承担的，也可能是两类甚至三类主体共同承担的。这就涉及责任的有无及责任的大小问题。在这种情况下，就应当根据三类主体的行为与损害后果之间的关系及行为过错程度的比例来分担。其他主体的行为与结果之间有因果联系及其行为有过错，就成为自己法定的减责或免责条件，即法律责任免除的合法条件。对于其他主体的减责或免责条件这里不加赘述，作为在学生伤害事故中具有特殊地位的主体即学校而言，其减责或免责条件主要包括不可抗力、意外事件及第三人的过错。

不可抗力是指独立于人的行为之外，并且不受当事人的意志支配的力量，它包括某些自然现象（如地震、台风、洪水、海啸等）和某些社会现象（如战争等）。不可抗力作为免责条件的依据是，让人们承担与其行为无关而又无法控制的事故后果，不仅对责任的承担者来说是不公平的，也不能起到教育和约束人们行为的积极后果。但是，不可抗力作为免责条件，必须是不可抗力构成了损害结果发生的原因。只有在损害完全是由不可抗力引起的情况下，才表明学校的行为与损害结果之间无因果关系，同时表明学校没有过错，因此应被免除责任。意外事件是指非当事人故意或者过失而偶然发生的事故。不可预见性、偶然性和不可避免性是意外事故的基本条件。对于这类事件，学校即使尽到责任也难以预见到。因此，学校没有过错，可以使其免除责任。第三人的过错是指除学校和受害学生之外的第三人，对学生损害的发生或扩大具有过错。这种过错包括故意和过失。例如，学校由于管理不善，导致学生在玩耍时被打伤，作为打架一方的肇事学生就是第三人。在这类案件中，第三人的过错是减轻或者免除学校责任的依据。

与学生伤害事故有关的法律问题还有许多，比如，学校为了预防事故发生而做出许多限制性规定，与学校工作正常开展及学生受教育权和自由权的矛盾如何解决；有的学生伤害事故中，受害方冲击学校，给学校教育教学秩序造成的负面影响及其他方面损害如何计算赔偿问题；学校在需要承担责任的学生伤害事故中，其赔偿金的来源问题，等等。这些问题有的属于学校行政管理部门的问题，有的属于立法部门的问题，这里不再一一涉及。

第二章　学校安全

第一节　食品安全

一、食品安全概论

1. 食品的概念

根据《食品安全法》的规定，食品是指用于食用或者饮用的成品和原料以及按照传统既是食品又是药品的物品，但是不包括以治疗为目的的物品。食品应当无毒、无害，符合应当有的营养要求，具有相应的色、香、味等感官性状。

2. 食品安全

食品安全是指食品应满足符合应当有的营养要求，对人体健康不造成任何急性、亚急性或者慢性危害。简单地讲食品安全就是要求食品对人体健康，对生命是安全的，对食品的更高要求就是食品没有受到环境污染。

3. 食品质量与健康

国际标准化组织颁布的ISO标准规定，食品质量是由各种要素组成的，这些要素被称为食品所具有的特性，这些特性的总和构成了食品质量的内涵，也就是说，食品质量是指食品的固有特性满足人们明确的以及隐含的要求的能力。

4. 食品的保质期和保存期的意义

（1）保质期（最佳食用期）是指在标签上规定条件下保持食品质量（品质）的期限。

（2）保存期（推荐的最终食用期）是指在标签上规定的条件下，食品可以食用的最终日期，超过此期限，产品质量（品质）可能发生变化，食品不再适于销售和食用。

（3）区别：过了保质期的食品未必不能吃，但过了保存期的食品就一定不能吃。

5. 认识QS标志

QS是食品“质量安全”（Quality Safety）的英文缩写，是食品质量安全市场准入标志，是质量标志。食品外包装上加印（贴）QS标志表明符合质量安全基本要求。实施食品质量安全市场准入制度管理的食品，其产品出厂必须加印（贴）食品市场准入标志，没有食品市场准入标志的，不得出厂销售。食品市场准入标志由“QS”和“质量安全”中文字样组成，标志主色调为蓝色。字母“Q”与“质量安全”四个中文字样为蓝色，字母“S”为白色。

6. 我国实施QS标志食品的种类

国家实施QS食品生产许可证，其种类包括大米、食用植物油、小麦粉、酱油、醋、茶叶、酱腌制品、炒货食品、可可制品、蜜饯、焙炒食品、蛋制品、水产加工制品、淀粉及淀粉制品、糖果制品、啤酒、黄酒、葡萄酒、冷饮、肉制品、乳制品、饮料、调味品、方便面、饼干、罐头、散装速冻面米食品、膨化食品等28类525种食品。

7. 违禁食品的定义

《食品安全法》第二十八条明确规定禁止生产经营下列食品：

（1）用非食品原料生产的食品或者添加食品添加剂以外的化学物质和其他可能危害人体健康物质的食品，或者用回收食品作为原料生产的食品；

（2）致病性微生物、农药残留、兽药残留、重金属、污染物质以及其他危害人体健康的物质含量超过食品安全标准限量的食品；

（3）营养成分不符合食品安全标准的专供婴幼儿和其他特定人群的主辅食品；

（4）腐败变质、油脂酸败、霉变生虫、污秽不洁、混有异物、掺假掺杂或者感官性状异常的食品；

（5）病死、毒死或者死因不明的禽、畜、兽、水产动物肉类及其制品；

（6）未经动物卫生监督机构检疫或者检疫不合格的肉类，或者未经检验或者检验不合格的肉类制品；

（7）被包装材料、容器、运输工具等污染的食品；

（8）超过保质期的食品；

（9）无标签的预包装食品；

（10）国家为防病等特殊需要明令禁止生产经营的食品；

（11）其他不符合食品安全标准或者要求的食品。

二、学会识别合格食品

1. 查验外观法

凭借人体自身的感觉器官即眼、鼻、口（包括舌头）及手，对食品的外观质量进行查验。也就是通过眼睛看、鼻子嗅、用口品尝和用手触摸等方式，对食品的色、香、味和外观形态进行综合性的鉴别和评价。同时，要看食品的包装是否完整，厂名、厂址和商标等标志是否齐全，是否清楚标明生产日期、保质期，还要特别认清食品安全认证标志，即 QS 标志。任何食品都须特别关注五个要件：厂名、厂址、生产日期、保质期、QS

标志。

2．常见食品的识别方法

（1）方便面。方便面是以小麦粉、麦粉、玉米粉、绿豆粉、米粉等为主要原料，添加食盐或食品添加剂等，加适量水调制、压迫、成型、汽蒸后，经油炸或干燥处理，达到一定熟度的方便食品，有油炸方便面和非油炸方便面。方便面的感官要求：①色泽：呈该品种特有的颜色，无焦、生现象，正反两面可略有深浅差别。②气味：气味正常，无霉味、哈味及其他异味；③形状：外形整齐，花纹均匀，不得有异物、焦渣；④烹调性：面块经泡水后，应无明显断条、并条，口感不生、不粘牙。

（2）火腿肠（高温蒸煮肠）。火腿肠是指以鲜肉或冻畜、禽、鱼肉为主要原料，经腌制搅拌（或乳化）灌入塑料肠衣，经高温杀菌制成的肉类灌肠制品。火腿肠的感官要求：①外观：肠体均匀饱满，无损伤，表面干净，密封良好，结扎牢固，肠衣的结扎部位无内容物。②色泽：具有产品固有的色泽。③质地：组织紧密，有弹性、切片良好，无软骨及其他杂物、无气孔。④风味：咸淡适中，鲜香可口，具固有风味，无异味。

（3）熟肉制品。熟肉制品主要包括肉干、肉松、肉灌肠、烧烤肉等。熟肉制品的感官要求：无异味，无酸败味，无异物，无焦斑和霉斑。

（4）乳制品。乳制品的感官鉴别要点：感官鉴别乳制品应当观察其色泽是否正常，质地是否均匀细腻，滋味是否纯正，同时有针对性地观察诸如酸乳有无乳清分离，奶粉有无结块，奶酪切面有无水珠和霉斑等情况。

（5）酸牛乳。酸牛乳的感官特性：纯酸牛乳色泽呈均匀一致的乳白色或微黄色，具有酸牛乳固有的滋味和气味，组织细腻、均匀，允许有少量乳清析出；调味酸牛乳、果料酸牛乳色泽呈均匀一致的乳白色或调味乳、果料应有的色泽，滋味和气味具有调味酸牛乳或果料酸牛乳应有的滋味和气味，组织细腻、均匀，允许有少量乳清析出，果料酸牛乳有果块或果粒。

(6) AD 钙奶。感官要求：钙奶色泽呈均匀一致的乳白色或微黄色，具有牛乳或羊乳固有的滋味和气味，无异味，组织状态为均匀的液体，无凝块，无黏稠现象，无肉眼可见杂质和异物。

(7) 食用菌罐头。感官要求：食用菌罐头的容器应密封完好，无泄漏、胖听现象存在，容器外表无锈蚀，内壁涂料无脱落，内容物具有食用菌罐头食品的正常色泽和气味，无异味、无杂质。

(8) 冷冻饮品。感官要求：冷冻饮品应具有与品名相符的色泽和香味，无任何不良气味、滋味及肉眼可见杂质。

(9) 茶饮料。感官要求：茶饮料应具有该产品应有的色泽、香味和气味，无异味、异臭及肉眼可见的杂质，无浑浊、无沉淀（不包括添加果汁、乳制品等的茶饮料）。

(10) 瓶（桶）装饮用纯净水、瓶（桶）装饮用水及饮用天然矿泉水。感官要求：除色度、浑浊度有不同要求外，不得有异臭异味，不得检出肉眼可见物；天然矿泉水具有本矿泉水的特征性口味，不得有异臭、异味，允许有极少量的天然矿物盐沉淀，但不得含其他异物。

(11) 果、蔬汁饮料。感官要求：应具所含原料水果、蔬菜应有的色泽和滋味，无异味，无肉眼可见的外来杂质。

(12) 巧克力。感官要求：具有各种巧克力和巧克力制品相应的色、香、味及形态，无异味，无肉眼可见的杂质。

(13) 糕点和面包。感官要求：应具有糕点和面包各自的正常色泽、气味、滋味及组织状态，不得有酸败、发霉等异味，食品内外不得有霉变、生虫及其他外来污染物。

(14) 饼干。感官要求：应具有该品种特有的正常色泽、气味、滋味及组织状态，不得有酸败、发霉等异味，食品内外不得有霉变、生虫及其他肉眼可见杂质。

(15) 果冻。感官要求：应具有该产品原料相应的纯净色泽和该产品应有的滋味、气味，无异味；性状应呈胶冻状，质软，无杂质。

（16）油炸小食品。感官要求：应当具有本产品的正常色泽，无焦、生现象；气味正常，无霉味、哈喇及其他异味。

（17）膨化食品（包括油炸膨化食品与非油炸膨化食品）。感官要求：应有该品种特有的正常色泽、气味和滋味，不得有异物、发霉、酸败及其他异味。

（18）月饼。月饼是指使用面粉等谷物粉、油、糖或不加糖调制成饼皮，包裹各种馅料加工而成的，主要在中秋节食用的传统食品。月饼的种类很多，品牌也很多，如广式月饼、京式月饼、苏式月饼，蓉沙类、果仁类、果蔬类、肉与肉制品类、水产制品类、蛋黄类，等等。月饼有严格的保质期和召回制度，因此在购买月饼时，必须严格注意其厂名、厂址、生产日期、保质期、QS 标志和商品条码标志。其内在质量、感官要求：外形整齐，花纹清晰，无破裂、露馅，皮馅厚薄均匀，无脱壳、无异味、无杂质等。

（19）散装食品，一般于当地小作坊生产，工艺简单，生产程序及配方、配料都不规范，生产成本低。有的散装食品既无厂名、厂址、生产日期、保质期，更无 QS 标志，但“十个便宜九个爱”，因而具有一定的市场。散装食品虽然是工商及有关行政执法部门监管的重点，但屡堵不绝，希望大家不要买、不要吃。

3. 买到不合格食品的解决方法

流通环节食品安全监管职能部门是工商行政管理部门。工商行政管理部门在维护消费者的合法权利方面有义不容辞的责任。当你买到不合格食品时：

（1）可以当场要求经营者退货，退货的同时可主动向工商部门 12315 机构举报和向消费者协会投诉，以便追根索源，消除隐患，及时查处。

（2）一定要向经营者索取购货凭证、发票。

（3）如果当场协商不成的可直接到辖区工商所进行申诉。

（4）造成危害后果的，可以要求经济赔偿，甚至追究其法律责任。《食品安全法》规定：生产不符合食品安全标准的食品或者销售明知是不符合食品安全标准的食品，消费者除要求赔偿损失外，还可以向生产者或者销售者要求支付价款十倍的赔偿金。工商部门申诉举报电话：12315。

4．养成健康的饮食习惯

（1）养成良好的卫生习惯。饭前便后要洗手。不良的个人卫生习惯会把致病细菌从人体带到食物上。比如说，手上沾有致病菌，再去拿食物，污染了的食物就会进入消化道，就会引发细菌性食物中毒，从而引起腹泻。

（2）选择新鲜和安全的食品。要到正规的大型商场超市购买食品，要注意查看其感官性状，是否腐败变质。尤其是对小食品，不要只看其诱人的花花绿绿的外表，要查看其生产日期、保质期，是否有厂名、厂址、生产许可证号（QS 标志）等标志。不要到校园周边没有证照或证照不全的小商摊贩处购买无厂名厂址、无出厂合格证、无保质期的食品和假冒伪劣食品。自觉抵制“三无食品”、“垃圾食品”和“不合格食品”。（“三无”食品：无厂名、厂址、生产日期的食品，多数是用有毒、有害、变质或劣质原料制作的食品。“三无”食品是最不安全的食品。）

（3）食品在食用前要彻底清洁。生吃瓜果要洗净。瓜果蔬菜在生长过程中不仅会沾染病菌、病毒、寄生虫卵，还有残留的农药、杀虫剂等，如果不清洗干净，不仅可能染上疾病，还可能造成农药中毒。须加热的食物要加热彻底。如豆角和豆浆含有皂苷等毒素，不彻底加热会引起中毒。

（4）注意饮食习惯。平时应少吃油炸类、冷冻甜品类、饼干类、烧烤类、加工类肉食品、汽水可乐类饮料等食品；多吃水果、蔬菜、有营养的肉类等健康环保的食品；绝对不能吃过期、变质、霉变的食品。

（5）饮用符合卫生要求的饮用水。不喝生水或不洁净的水，最好喝白开水。

(6) 提倡体育锻炼，增强机体免疫力，抵御细菌的侵袭。

三、学校预防食物中毒的重要性

1. 学校食品卫生安全基本工作要求

(1) 搞好食堂的环境卫生。保持食堂内外环境的整洁，采取有效的措施，消除老鼠、蟑螂、苍蝇以及其他有害的昆虫及其滋生的条件。

(2) 食堂的操作间不能太小。操作间最小使用面积不能小于 8 平方米，食堂的墙壁应该有 1.5 米以上的瓷砖，或具有其他防水、防潮、可清洗的材料制成的墙裙，地面应该用防水、防滑、无毒、易清洗的材料来建造，易于清洗和排水，而且要配备有效防止苍蝇、老鼠、灰尘以及存放废弃物的设施和设备。

(3) 要使餐具保持干净。餐饮具使用之前必须要清洗干净，要消毒。消毒以后的餐具必须存在专用的保洁柜里面，已经消毒的和没有消毒的餐饮具要分开存放。

(4) 严格把好食品采购关。食堂采购员应该到持有卫生许可证的经营单位去采购食品，而且应该按照国家的有关规定要求索取有关证件。

(5) 食品应当分类存放，定期检查、处理那些变质或超过保质期限的食品。食品储存场所应该禁止存放有毒有害的物品，用于保存食品的冷藏设备也应该贴有标志，生食品、半成品和熟食品应该分开存放。

(6) 用于原料、半成品、成品的刀、墩、板、桶以及各种容器工具等，必须标志明显，分开使用。

(7) 必须采用新鲜、洁净的原料来制作食品。

(8) 职业学校、普通中等学校、小学、特殊教育学校、幼儿园的食堂不得自售冷荤凉菜。未成年人免疫力差，如果冷荤凉菜不合格的话容易造成食物中毒。

(9) 食堂的剩余食品必须进行冷藏，冷藏的时间不能超过 24 小时。

冷藏的食物在确认没有变质的情况下，必须经过高温彻底加热，然后才能继续出售。

(10) 食堂的从业人员每年必须进行一次健康检查。新参加工作和临时参加工作的食品生产经营人员，必须进行健康检查，而且是取得健康合格证之后，才能够从事工作。凡是患有痢疾、伤寒、病毒性感染等消化道疾病（包括这些病原的携带者），以及活动性肺结核、化脓性或者渗出性皮肤病的患者，不得从事直接接触入口食品的工作。食堂从业人员以及集体分餐人员，在出现咳嗽、腹泻、发烧、呕吐等病症的时候，应该立即离开工作岗位，查明病因，排除有碍食品卫生的病症之后，才能够重新上岗。

(11) 学校食堂必须取得卫生行政部门发放的卫生许可证。

(12) 学校食堂应该建立严格的安全保卫措施。严格禁止非食堂工作人员随意进入学校食堂，尤其是随意进入食品加工的操作间和食品原料的存放间，这是加强学校食品卫生安全的基本要求。

2. 预防细菌性食物中毒

(1) 细菌性食物中毒是最常见的食物中毒，细菌也有不同的种类。①有一些细菌常常存在于被感染的动物及其粪便当中，进食受到污染的肉、蛋、鱼、奶及相关制品的时候就可能导致食物中毒，一般在进食后 12 ~ 36 个小时会出现中毒症状，中毒表现主要有腹痛、呕吐、腹泻、发热等，一般的病程有 3 ~ 4 天。②有一些细菌，存在于人或者动物的化脓性的病灶当中，进食受到污染的奶类、蛋及蛋制品、糕点、熟肉就会导致这类食物中毒发生。发生这类食物中毒一般是进食后 1 ~ 6 个小时出现症状，症状有恶心、剧烈的呕吐、腹痛和腹泻，一般在 1 ~ 3 天就可以好转、痊愈。③有一些细菌，存在于土壤、空气、尘埃当中，进食受到污染的剩米饭、剩菜、凉拌菜等，就可能导致食物中毒。这种中毒一般进食 1 ~ 5 小时以后就会出现症状，主要的症状也是恶心、呕吐、腹痛、腹泻等。

（2）细菌性食物中毒的预防措施。①食堂从业人员应该坚持健康检查制度，凡是患有消化道疾病，像痢疾、伤寒、病毒性肝炎等疾病的人员不能从事直接接触、入口食品的工作。②食堂从业人员如果出现皮肤溃破、外伤感染、腹泻等，不要带病加工食品。③食堂从业人员要有良好的个人卫生习惯。④严格把握食品的采购关，禁止采购腐败、变质或者其他感官性状异常的食品。⑤要注意食品的储藏卫生，要防止蟑螂、鼠类及其他不洁物污染食品。⑥加工食品必须要烧熟煮透。⑦加工食品的工具容器一定要生熟分开。⑧剩余的食品必须冷藏，然后在确认没有变质的情况下，必须经过高温彻底加热，才可能继续食用。

（3）要经常教育学生在家尽量不食用未经加热的冷冻食品。

3. **预防学校食物中毒的措施**

（1）食品采购关：购买肉菜瓜果，都要注意新鲜干净。要买经工商管理部门检验合格允许上市的“放心肉”、“放心菜”。

（2）食品保管关：暂时不吃的肉菜，经及时加工后要放入冰箱，生熟食要分开容器存放。不食用超过保质期的食品。米面、干菜、水果等要妥善保存，严防发霉、腐烂、变质，防止老鼠、苍蝇、蟑螂等咬食污染。要妥善保管有毒、有害物品如消毒剂、灭鼠药等，要远离食品存放处，防止误食误用。

（3）个人卫生关：炊事员要体检合格后才能上岗，凡患有消化道、呼吸道传染病（如乙肝、痢疾、肺结核等）的人员及皮肤病患者均暂不能从事炊事员工作。炊事员上班时，要穿工作服，戴口罩。要认真做到做饭前后、开饭前、大小便前后洗净双手。

（4）烹调制作关：做饭菜一定要充分加热煮熟。做生熟食的刀砧板、容器要分开，隔夜食品及豆类食品要加热煮熟方可食用。买回的蔬菜要充分浸泡后，再反复清洗三遍，才能烹调食用。凡发现有腐烂、发霉、变质等可疑食品，均不要食用。

（5）餐具消毒关：锅、碗、盆、碟、筷、勺等用前要烫洗或煮沸消毒后再用。集体进餐要实行分菜制或用公筷。要定期清洗消毒碗柜、冰箱、冰柜、微波炉等与食具有关的容器。

（6）进食用餐关：用餐者都要养成吃饭前后、大小便前后彻底洗净双手的习惯。进餐时若发现有腐败变质、发霉有馊味或夹生食物，或有被蝇叮爬过的食品，均不可食用。

（7）食前留验关：凡集体用餐饭前均要将要吃的每种饭、菜各留一小份样品，以备万一食后有可疑中毒时作毒物化验用。

（8）食后观察关：凡进食一天内突然出现恶心呕吐、腹痛、腹泻、头晕、发烧等症状，或在短期内在同一食堂进餐的多名人员发生相同症状，就应怀疑为食物中毒。此时应急呼120，同时向上级报告，组织检查救治，并对病人的进食、呕吐物、大便、尿、血进行有关检毒化验，还要保护好现场。另外，食物中毒者要多加休息，以免造成不必要的后果。

第二节　体育运动的注意事项

一、运动伤害的预防

1. 运动前要做好准备工作

为了既能从锻炼中受益，又减少受锻炼产生的伤害，锻炼者要注意使用有关的保护器具，如头盔、护腕、护膝和护腰等。使用这些保护用品是不分年龄段的。以下是一些进行自我保护的方法：

（1）开始一项新的体育锻炼时，要采取循序渐进的方法，增加的运动量要适可而止，视当日的体能情况和情绪而定。

（2）注意体育锻炼活动的平衡和多样性，不要“偏食”，既要安排有利于心脏的锻炼，也要进行一些力量训练和一定灵活性的锻炼；一周内可以参加数项不同类型的锻炼活动，只做一种类型的锻炼容易产生重复性受伤。

（3）锻炼前要做好充分的热身，不得马虎。热身的基本功效是使锻炼者感到四肢变得伸展灵活自如，这样的感觉应成为热身是否已经做足的基本标准。

（4）要遵循“百分之十原则”。增加锻炼量时，一般每周不应超过10%。例如，你以前每天跑3公里，如果既定的锻炼目标是5公里，那么应在每天3公里的基础上，按照每周增加10%的比例进行。

（5）锻炼需要能量，不要空腹锻炼。锻炼前应稍微吃些东西，锻炼前后均应适当饮用运动饮料，补充能量的流失。天热时，补充的饮料量应增加。

（6）注意休息。对于多数人来讲，除了身体锻炼外，还要工作、照料家庭等。因此，注意不要让“坚持锻炼”成为教条的口号。坚持锻炼应着眼于锻炼的长期积累效果，但并非一定要每天都锻炼。有时因各种原因而感到比较疲乏时，可以停止锻炼数日，让自己的体能得以恢复，切忌“锻炼过度”。

2. 学会体育活动中的自我保护

体育教学中教会学生跌跤的学问，是预防运动损伤的一种积极手段。自我保护，是指练习者在运动的过程中可能出现和已经出现危险时，随机应变、化险为夷的一种方法。它可以加强体育教学中安全保护措施，帮助学生克服对技巧与器械体操、球类、跳跃、跨栏等项目的恐惧心理，并使学生在预防运动损伤方面终生受益。

（1）由于人体各部位在生命存在和实际工作中的作用及抗损伤能力的不同，本着“舍车马而保将帅”的原则，当人体跌倒时要首保大脑、次保胸腰、三保两臂、四保腿脚。具体要求是：人体跌倒时，尽可能用两腿着地，除非在保护大脑和胸腰的情况下（如翻滚、倒栽、前仆等），一般不得用两臂先着地。尽可能避免胸腰摔打地面，任何情况下（翻滚类动作除外）都不得使头部着地。

（2）根据人体各关节的解剖特点和生物力学原理，可采用如下方法：

① 顺关节支撑法。当人体后倒或侧倒着地时，须屈膝坐臀，配合手臂顺撑（手指向前），不能出现直臂反撑；当一足踩踏凹凸不平的地方上即将发生扭踝时，可顺势向扭踝足侧屈膝倾坐并顺撑，同时迅速转移身体重心，减少扭踝程度。

② 顺惯性滚动法。当人体受惯性作用将发生跌倒时，可顺势做滚翻或滚动，以免损伤。例如：支撑跳跃落地前冲力过大而前倒时，应向前滚翻；落地后倒时，应团身后滚翻，滚翻时肌肉应保持适度的紧张。

③ 缓冲着地法。当人体从高处或器械上跌落时，可屈臂、屈膝、屈髋等缓冲着地。

④ 增大支撑面法。人体在跳落或跌倒时，应尽可能增大着地的受力面积，切忌用肘尖膝盖着地。例如，人体从高处或远处跳落时，两腿应并腿屈膝落地，身体向前扑倒时，须用两臂屈肘双掌撑地，切忌用单腿、单膝撑地。

⑤ 缓降重心法。在球类竞赛中，当跳起时被他人推倒发生直体后倒，可顺势收腹屈膝降低重心，配合两臂支撑，做屈体后滚动落地（须收颌以防大脑受伤）；在做器械体操动作失败而掉落时，应尽量抓住器械不放，以便借助器械的挂撑转危为安或缓降重心落地；从爬竿、木梯等高器械上掉落时，可先紧握器械，待接近地面时推开器械跳落地面或顺势跳滚落地。

⑥ 改变动作结构法。

改变动作构成要素。每个体育动作都有其特定的构成要素，当做某个动作失败而出现跌倒危险时，可顺势改变其中一个或几个构成要素，例如：当做侧空翻动作失败时，可改为单臂侧手翻落地；当做后空翻动作

“翻不过来”时，应改为屈腿或屈体或团身后滚翻落地，以摆脱“倒栽”的危险。

改变跌落动作部位。人体从高处跌落时，可利用小关节（主要时颈部）活动来改变下跌动作的着地部位，使两腿先着地。

⑦ 停止练习或跳下。上体操器械动作过程中感到手滑时，应停止练习。当出现危险情况时，练习者必须冷静、勇敢、坚定、沉着，不要惊慌失措。只有心理镇定才能化险为夷。

3. 排除体育器材的安全隐患

做好各类器材、设施的除锈、润滑等日常保养维修工作，及时清理跑道及器械上的异物，保持常用器材、设备完好无损。对户外器材、设施等经常进行安全检查，及时消除各种安全隐患。体育器材负责人每月至少一次对户外体育器材进行检测与维修，如进行以检查接头、螺丝是否松动，焊接是否牢固，以及查看锈蚀程度等为内容的安全检查。做好安全防范工作，室内必须备有防火（灭火器）、防盗（防盗门窗）等设备。每天下班前应断电，并及时关好门窗。

二、常见的运动伤害及救治措施

在体育运动中难免会出现运动伤害和运动性疾病，一旦发生，就应迅速正确地急救与处理。应本着挽救生命第一的原则进行救治，如因骨折疼痛而引起休克，应先处理危及生命的休克而后做骨折的固定。常见的运动伤害及其急救处理方法如下：

1. 休克

休克是一种因急性有效血液循环功能不全而引起的综合征。

1）原因

运动过程中造成休克的原因是多方面的，主要有运动量过大、身体生理状态不良、肝脾破裂大出血、骨折和关节脱位的剧烈疼痛等。

2）症状

早期常有烦躁不安、呻吟、表情紧张、脉搏稍快、呼吸表浅而急促等症状，因其时间较短易被忽略。继后，由兴奋期过渡到正常期，表现为精神委靡不振，面色苍白、口渴、畏寒、头晕、出冷汗、四肢发冷、脉速无力，血压和体温下降，严重者出现昏迷。

3）急救方法

应使病人安静平卧，注意保暖。对伴有心力衰竭的严重病人，应保持安静，使其半卧。可给服热水及饮料，针刺或点揉骨关、足三里、合谷、人中等穴位；由骨折等外伤的剧疼而引起的休克，应给以镇痛剂止痛。休克是一种严重而危险的病理状态，因此在急救的同时，应迅速请医生来处理或尽快送往医院。

2. 出血

血液从破裂的血管流出，称之为出血。

1）出血的分类

（1）按破裂血管的不同类别分。①动脉出血：其特征是血色鲜红，呈喷射状间歇式流出，速度快，出血量多，危险性大。②静脉出血：血色暗红，缓慢不间断地流出，速度较慢，危险性比动脉出血要小。③毛细血管出血：血从伤口慢慢渗出，常自行凝固，基本没有危险。

（2）按出血的位置分。①外出血：身体表面有伤口，可以见到血液从伤口流向体外。①内出血：身体表面没有伤口，血液由破裂的血管流向组织间隙（皮下组织、肌肉组织）形成淤血或血肿，或流向体腔（胸腔、腹腔、关节腔）和管腔（胃肠道、呼吸道）形成积血。流入体腔或管腔的内出血不易被发现，容易发展成大出血，造成失血性休克，故须特别注意。

2）止血

据研究，健康成人每公斤体重平均有血液 75 毫升，全身总血量为 4～5 升。若一次出血低于全身总血量的 10% 时对身体没有伤害。急性大出血达总量的20%时即会出现乏力、头晕、口渴、面色苍白等一系列急性贫血症状。当出血量超过全身血量的30%时，将危及生命。因此对有出血的伤员，尤其是大动脉出血的，都必须在急救的早期立即给以止血。止血的手段或方法很多，在没有药物和医疗器械的条件下，现场急救的常用方法有：

（1）冷敷法。冷敷可降低组织温度，使血管收缩，减少局部充血，还可抑制神经的兴奋，从而达到止血、止痛，减轻局部肿胀的作用。此法适用于急性闭合性软组织损伤，伤后立即施用，一般常用冷水或冰袋敷于损伤部位。冷敷与加压包扎和抬高伤肢同时应用，效果更佳。

（2）抬高伤肢法。此方法用于四肢出血，可抬高伤肢，使伤处血压降低，血流量减少，达到减少出血的目的。此法一般常与绷带加压包扎并用，对小血管出血有效，对较大血管出血，只能作为一种辅助性止血方法。

（3）压迫止血法。此方法可分为直接压迫伤口止血和压迫止血点止血两种。

① 直接压迫伤口止血。一是用绷带加压包扎伤口止血。可先在伤口上覆以无菌辅料，再用绷带稍加压力压起来，此法适用于小动脉、静脉和毛细血管出血。二是指压止血。用指腹或掌根直接压迫伤口，此法简便易行，但违背无菌操作原则，容易引起伤口感染。因此，不在十分紧急的情况下，不应轻易使用此法。

② 压迫止血点止血。用手指指腹压在出血动脉近心端相应的骨面上，暂时止住该动脉管的血流。这种止血方法操作简便，止血迅速，是一种临时性止血的好方法。

3．骨折及固定

骨的完整性遭到破坏的损伤，叫做骨折。骨折可分为闭合性骨折与开放性骨折两种。前者皮肤完整，治疗较易；后者皮肤破裂，骨折端与外界相通，容易发生感染，治疗较难。运动中发生的骨折多为闭合性骨折，它是严重的损伤之一。

1）原因

（1）直接暴力。骨折发生在暴力直接作用的部位。如足球运动中，运动员的胫骨受到对方足踢而发生胫骨骨折。

（2）间接暴力。骨折发生在接触暴力较远的部位。如摔倒时手撑地而发生锁骨骨折。

（3）肌肉强烈收缩。如提起杠铃时突然的翻腕动作，可因前臂屈肌强烈收缩而发生肱骨内脚踝撕脱骨折；投掷手榴弹时，因动作错误而发生肱骨骨折。

2）征象

（1）碎骨声。骨折时伤员可听到碎骨声。

（2）疼痛。这是由于骨膜破裂，断端对软组织的刺激和局部肌肉痉挛所致。一般疼痛剧烈，活动时加剧，严重者发生休克。

（3）肿胀及皮下淤血。骨折后，由于附近软组织损伤和血管破裂，出现肿胀及皮下淤血。

（4）功能丧失。骨完全折断后，失去杠杆和支持作用，加上疼痛，致使功能丧失。如髌骨骨折后，小腿就不能抬起。

（5）畸形。由于外力及肌肉痉挛，使断端发生重叠、移位或旋转，造成角畸形和肢体变短现象。

（6）压痛和震痛。骨折处有明显压痛。有时在远离骨折处轻轻震动或捶击，骨折处也出现疼痛。

（7）假关节活动及骨摩擦音。完全骨折时局部可出现类似关节的活动，移动时可产生骨摩擦音。这是骨折的特有征象，但在检查时要慎重，不能故意寻找骨摩擦音，以免加重损伤。

（8）X线检查。可确定是否骨折及骨折的情况。

3）骨折时的临时固定

骨折时，用夹板、绷带把折断的部位固定、绑起来，使伤部不再活动，称为临时固定。这是骨折的急救方法。其目的是为了减轻疼痛、避免再操作和便于转送。如有休克，应先抗休克，后处理骨折；如有伤口出血，应先止血，包扎伤口，再固定骨折。

（1）临时固定的注意事项。

① 固定前不要无故移动伤肢。为了暴露伤口，可剪开衣服，但不要脱衣，以免因不必要的移动而增加伤员的疼痛和伤情。对于大腿、小腿和脊柱骨折，应就地固定。

② 固定时不要试图整复，如果畸形很厉害，可顺伤肢长轴方向稍加牵引。

③ 夹板的长度和宽度要与骨折的肢体相称，其长度必须超过骨折部的上、下两个关节。如果没有夹板，可就地取材（如树枝、木棍、球棒等）或把伤肢固定在伤员的躯干或健肢上。夹板与皮肤之间应垫上软物，如棉垫、纱布等。

④ 固定的松紧要合适、牢靠。过松则失去固定的作用，过紧会压迫神经和血管。四肢骨折固定时，应露出指（趾）尖，以便观察血液循环情况。如发现指（趾）尖苍白、发凉、麻木、疼痛、水肿和呈青紫色征象时，应松开夹板，重新固定。

（2）各部分骨折的临时固定法。

① 上肢骨折。锁骨骨折时，用两个棉垫分别置于双侧腋下，将两条三角巾折成宽带，分别绕过伤员两肩前面，在背后作结，形成肩环。再用一条三角巾折成宽带，在背后穿过两环，拉紧作结。最后用小悬臂带将侧上肢挂起。肱骨骨折时，用一块长短合适的夹板，放在伤臂的外侧，再用两条绷带将骨折的上下部绑好，然后用小悬臂带将前臂挂在胸前，不要托肘，最后用绷带把上臂固定于胸廓。前臂骨折时，用两块长短合适的夹

板，放在前臂的上侧和背侧，再用两条绷带固定，然后用大悬臂带挂起。手部骨折时，让伤员手握纱布棉花团或绷带卷，然后用夹板和绷带固定手及前臂，最后用悬臂带吊起。

② 下肢骨折。股骨骨折时，用5~8条三角巾折成宽带，并分段放好，取两块长夹板，分别置于伤肢的外侧和内侧，外侧夹板自腋下至足部，内侧夹板自腹股沟至足部。放好后用上述宽带固定夹板，在外侧作结。髌骨骨折时，伤员取半卧位，一助手以双手托着伤肢大腿，急救者缓慢地将其小腿伸直，在腿后放一夹板，其长度自大腿至中跟，在夹板与伤肢之间垫上软物，然后用三条三角巾折成宽带，于膝上、膝下和踝部固定。小腿骨骨折时，用两块夹板，一块在外侧自大腿中部至足部，另一块在内侧，自腹股沟至足部。然后用4~5条宽带分段固定。足部骨折时，将鞋脱去，在小腿后面放一直角形夹板，用棉垫垫好，然后用宽带固定膝下、踝上及足部。

③ 脊柱骨折。如疑有胸腰椎骨折，应尽量避免骨折处移动，更不能让伤员坐起或站起，以免引起或加重脊髓损伤。准备好硬板担架（床板或门板），由四人抬伤员上担架。抬时，三个人并排站在伤员一侧，跪下一条腿，将手分别摆在伤员的颈、肩、腰、臀、腿及足部，由一人发口令，同时抬起；对侧第四人帮助抬高臀部，并将担架迅速放在伤员下面，同时轻轻放下。放下时应使伤员俯卧在担架上，胸部稍垫高，固定不动。颈柱骨折时，应由三人搬运，其中一人管头部的牵拉固定，使头部与身体成直线位置不摇动，将伤员仰放在硬板床上，在颈上垫一小垫，不要用枕头，头颈两侧用砂袋或衣服垫好，防止头部左右摇动。

4. 脱位

由于暴力的作用使关节面之间失去正常的连接关系，叫做关节脱位。关节脱位可分为完全脱位和半脱位，前者是关节面完全脱离原来的位置，后者为关节面部分错位。完全脱位时常伴有关节囊撕裂、关节周围韧带和肌腱的损伤。

1）原因

运动中发生的关节脱位大多是由于间接外力所致。如摔倒时手撑地，则可引起肘关节脱位或肩关节脱位。

2）征象

（1）受伤关节剧烈疼痛，并有明显压痛。这主要是由于关节位置的改变，使神经和软组织受到牵扯和损伤。

（2）关节功能丧失，受伤关节完全不能活动。

（3）畸形。由于关节正常位置的改变，正常关节隆起处塌陷，而凹陷处则隆起突出，整个肢体常呈现一种特殊的姿态。与健侧肢体比较，伤肢有变长或缩短的现象。

（4）用X线检查可发现脱位的情况及有无骨折存在。

3）急救方法

伤后应立即用夹板和绷带在脱位所形成的姿势下固定伤肢，保持伤员安静，尽快送往医院处理。

（1）肩关节脱位。可取两条三角巾，分别将顶角向底边对折，再对折一次成为宽带。一条用以悬挂前臂，悬臂带斜挎胸背部，于肩上缚结；另一条绕过伤肢上臂，于健侧腋下缚结。另外，腕部包扎法，可用大三角巾，先把底边与顶角对折成宽带，将宽带中部放在腋下，两端在肩上交叉，分别绕过胸、背部，最后在对侧腋下作结。为了避免缚结处压迫腋下组织，可在腋下垫以棉花或其他松软物品。

（2）肘关节脱位。用铁丝夹板弯成合适的角度，置于肘后，用绷带缠住，再用悬臂带挂起前臂。若无铁丝夹板，可用普通夹板代替，或采用三角巾固定的方法。

5. **软组织损伤**

1）开放性软组织损伤

体育运动中常见的开放性软组织损伤有下列几种：

（1）擦伤：是皮肤被粗糙物摩擦所引起的表面损伤。如运动中摔倒时容易引起皮肤擦伤，伤处皮肤被擦破或剥脱，有小出血点和组织液渗出。

（2）裂伤：是因为钝物打击引起皮肤和软组织的撕裂。伤口边缘不整齐，组织损害广泛，严重者可致组织坏死。运动中头部裂伤最多，约占整个裂伤的61%，其中额部和面部居多。如篮球运动中，眉弓被对方肘部碰撞即可引起眉际裂伤。

（3）刺伤：是因尖细物件刺入人体所致的损伤，其特点是伤口细小，但较深，可能伤及深部组织或器官，或者将异物带入伤口深处，容易引起感染。例如田径运动中鞋钉与标枪的刺伤。

（4）切伤：是因锐器切入皮肤所致的损伤。如滑冰时被冰刀切伤。伤口边缘整齐，多呈直线，出血较多，但周围组织损伤较轻。深的切伤可切断大血管、神经、肌腱等组织。

这些损伤的特点是有出血和伤口，所以处理时必须进行止血和保护伤口。为了预防和减轻感染，应注意无菌操作。对于小面积皮肤擦伤，污染不重者用红药水或紫药水涂抹即可，无须包扎。关节部擦伤一般不用治疗，否则容易感染而影响运动，一旦感染，容易波及关节。处理时可在创面上涂抹消炎软膏。对于大面积擦伤，污染较重者要用生理盐水冲洗伤口，将污物洗净，再用凡士林油纱布覆盖伤口，并以绷带加压包扎。对于裂伤、刺伤和切伤，轻者可先用碘酒、酒精将伤口周围皮肤消毒，然后在伤口上撒上消炎粉，用消毒纱布覆盖，加压包扎。小的裂口、伤口消毒后可用创可贴黏合。裂口较长和污染较重者，应由医生做清创术，清除伤口内的污物和异物，切除失去活力的组织，彻底止血，缝合伤口。凡伤情和污染较重者，应口服或注射适当的抗菌药物，预防感染。凡被不洁物致伤且伤口小而深者，应注射破伤风抗毒素1500～3000国际单位，预防破伤风。如伤口有感染，则应使用抗感染药物，加强换药处理，及时清除伤口内的分泌物，畅通引流，促进肉芽组织健康生长，以利伤口早日愈合。

2）闭合性软组织损伤

对闭合性软组织损伤，应按其不同的病理过程进行处理。合理的处理有赖于正确的诊断。在损伤的即刻伤部尚未肿胀，面且由于反向性的肌肉松弛与感觉神经的传导暂停，疼痛较轻，所以检查较易，一旦肿胀和疼痛加重，或肌肉发生痉挛，则检查困难。因此伤后应尽早检查，以便明确诊断。根据损伤的病理发展过程，软组织损伤的处理大致可分为早、中、后三个时期。

（1）早期：指伤后24或48小时以内，组织出血和局部出现红肿痛热、功能障碍等征象的急性炎症期。这一时期的处理原则主要是制动、止血、防肿、镇痛和减轻炎症。治疗方法可根据具体情况选用冷敷、加压包扎、抬高伤肢中的一种或数种。这套方法使用越早越好，有止血、镇痛、防肿、制动的作用。加压包扎就是用适当厚度的棉花或海绵放于受伤部位，然后用绷带稍加压力进行包扎。一般是先冷敷，后加压包扎，但也可二者同时并用。包扎后应经常注意包扎部位的情况，若有过松或过紧的现象，必须重新正确包扎。加压包扎24小时后即可拆除，根据伤部情况做进一步处理。使用外敷药也可收到迅速消肿止痛、减轻急性炎症的效果。疼痛较重者可服止痛片，淤血较重者可服跌打丸、七厘散等。这一时期，伤部不宜做按摩，否则会加重出血和组织液渗出，使肿胀加重。

（2）中期：受伤24或48小时以后，出血已经停止，急性炎症逐渐消退，但受伤部位仍有淤血和肿胀，肉芽组织形成，并开始吸收，组织正在修复。这一时期的处理原则主要是改善伤部的血液和淋巴循环，促进组织的新陈代谢，使淤血与渗出液迅速修复。治疗方面可采用热疗、按摩、拔罐、药物等治疗方法。按摩和热疗在这一时期最为重要，可以促进局部血液循环，对修复很有利。这时可直接按摩伤部，最初一两次用力宜轻，以后可逐渐加重。可根据损伤的性质和部位选用适当的手法。药物治疗可外敷活血剂或注射肾上腺皮质激素类药物。

（3）后期：损伤基本修复，肿胀、压痛等局部征象也已消除，但功能尚未完全恢复，锻炼时仍感疼痛，酸软无力。有些严重病例，由于粘连或瘢痕收缩，出现伤部僵硬、活动受限等情况。此时期的处理原则是增强和恢复肌肉、关节的功能。治疗方法以按摩、理疗、功能锻炼为主，适当配以药物治疗。按摩对硬结和粘连有较好的效果。治疗时先用一般手法将伤部按摩热，再用指揉、分筋等手法对硬结和压痛点进行按摩，最后做运拉。同时，以药外敷或用熏洗药熏洗，这对损伤后期治疗是一种较好的疗法。

应当注意，上述三个分期适用于比较严重的软组织损伤，如果损伤较轻、病程短、恢复快，则可将中、后两期合并，把活血生新与恢复功能兼顾起来，同时施治。

6. 晕厥

晕厥是由于脑部一时血液供应不足而发生的暂时性知觉丧失的现象。

1）原因

晕厥的常见原因有：由受惊、恐怖等引起的精神过分激动；长时间站立或下蹲稍久骤然起立，使血压显著下降；疾跑后站立不动，大量血液由于本身的重力关系而积聚在下肢舒张的血管中，回心血量减少，心输出量也随之减少，使脑部突然缺血而发生晕厥。

2）征象

晕厥时，病人失去知觉，突然昏倒。昏倒前，病人感到全身软弱，头昏、耳鸣、眼前发黑，面色苍白。昏倒后，面色苍白，手足发凉，脉搏慢而弱，血压降低，呼吸缓慢。轻度晕厥一般在跌倒片刻之后，由于脑贫血消除即清醒过来。醒后精神不佳，仍有头昏。

3）急救方法

使病人平卧，足部略抬高，头部放低，松解衣领，注意保暖，用热毛巾擦脸，自小腿向大腿做重推摩和全手揉捏。在知觉未恢复以前，不能给任何饮料或服药。如有呕吐，应将病人的头偏向一侧，如呼吸停止，应做人工呼吸。醒后可给以热饮料，注意休息。

7. 心跳和呼吸骤停

当人体受到意外严重损伤（如溺水、触电休克等），有时出现呼吸和心跳骤然停止，这时如不及时进行抢救，伤员就会很快死亡。人工呼吸与胸外心脏按压是进行现场抢救的重要手段，它可以帮助伤员重新恢复呼吸和血液循环。

1）人工呼吸

人工呼吸的方法甚多，其中以口对口吹气法效果较好，而且还可同时进行胸外心脏按压。施行时使伤员仰卧，头部尽量后仰，把口打开并盖上一块纱布，急救者一手托起他的下颌，掌根轻压环状软骨，使软骨压迫食管，防止空气入胃；另一手捏住他的鼻孔，以免漏气。然后深吸一口气，对准他的口部吹入。吹完后松开捏鼻孔的手，让气体从伤员的肺部排出。如此反复进行，每分钟吹16~18次（儿童20~24次）。

注意事项：施行人工呼吸前，应将伤员领口、裤带和胸腹部衣服松开，适当地清除其口腔内的呕吐物或杂物。吹气的压力和气量开始宜稍大些，10~20次后，可逐渐减小，维持在上胸部轻度升起即可。进行中应不怕脏、不怕累，一经开始就要连续进行，不能间断，一直做至伤员恢复呼吸或确定死亡为止。若心跳也停止，则人工呼吸应与胸外心脏按压同时进行，两人操作时，吹气与挤压频率之比为1：4。

2）胸外心脏按压

对心跳骤然停止的伤员必须尽快开始抢救，一般只要伤员突然昏迷，颈动脉或股动脉找不到搏动，即可诊断为心搏骤停。这时往往伴有瞳孔散大，呼吸停止，心前区听不到心跳，面如死灰等典型症状。此时应马上开始进行胸外心脏按压，以恢复伤员的血液循环。操作时，伤员仰卧，急救者以一手掌根部按住伤员胸骨下半段，另一手压在该手的手背上，肘关节伸直，借助体重和肩臂部肌肉的力量适度用力，有节奏带有冲击性地向下压迫胸骨下段，使胸骨下段及其相连的肋软骨下陷3～4厘米，间接压迫心脏。每次压后随即很快将手放松，让胸骨恢复原位。成人每分钟挤压60～80次，儿童每分钟挤压80～100次。

挤压胸骨可间接压迫心脏，使心脏内血液排空。放松时，使胸由于弹性而恢复原状，此时胸膜腔内压下降，静脉血回流至心脏。反复挤压与放松胸骨，即可恢复心脏跳动。操作中，如能摸到颈动脉或股动脉搏动，上肢收缩压达60毫米汞柱以上，口唇、甲床颜色较前红润，或者呼吸逐渐恢复，瞳孔缩小，则为挤压有效的表现，应坚持操作至自主心跳出现为止。注意事项：手掌根部压迫部位必须在胸骨下段（不要压迫剑突），压迫方向应垂直对准脊柱，不能偏斜，用力不可过猛，以免发生肋骨骨折。在抢救时，应迅速派人请医生来处理。

三、上体育课时的安全措施

1. 体育课前的准备措施

（1）衣着要求。上体育课大多是全身性运动，活动量大，还要运用很多体育器械，如跳箱、单双杠、铅球……为了安全，上课时衣着有一定的讲究。换上胶底鞋，可防滑并且增加弹性。女生摘掉发卡等饰物，上衣、裤子口袋里不要装钥匙、小刀等坚硬、尖锐锋利的物品。全身准备活动，以防肌肉拉伤、扭伤。不要佩戴各种金属的或玻璃的装饰物。患有近视眼的同学，如果不戴眼镜可以上体育课，就尽量不要戴眼镜。如果必须戴眼镜，做动作时一定要小心谨慎。做垫上运动时，必须摘下眼镜。不要穿塑料底的鞋或皮鞋，应当穿球鞋或一般胶底布鞋。衣服要宽松合体，最好不穿纽扣多、拉锁多或者有金属饰物的服装。有条件的应该穿着运动服。

（2）课前准备。学期开始请学生汇报，了解其身体状况，如心脏病、气喘等要事先汇报给老师以便不参加体育课运动项目。运动前务必做好热身运动。剧烈运动后不要立即停止，要坚持做好放松活动或深呼吸等使得心脏恢复平静。不要立即洗澡或喝饮料，因为这样就会使毛细血管突然收缩，不利于散热而容易感冒。使用任何器材必须任课老师准予或在场。上课前或上课中有任何身体不适，请务必即时确实告知任课老师。上课前任课老师须详细解说动作正确要领及安全注意事项。上课过程中要随时检修器材，维护运动安全。老师要随时掌握学生的身体状况，以便遇到偶发事件时能做适当处理。学生如果有特殊疾病或禁忌，应事先和老师沟通并填写于备注栏中，以提供校方参考备查。

2. **上体育课时要注意什么**

体育课在中小学阶段是锻炼身体、增强体质的重要课程。体育课上的训练内容是多种多样的，因此安全上要注意的事项也因训练的内容、使用的器械不同而有所区别。

（1）短跑等项目要按照规定的跑道进行，不能串跑道。这不仅仅是竞赛的要求，也是安全的保障。特别是快到终点冲刺时，更要遵守规则，因为这时人身体的冲力很大，精力又集中在竞技之中，思想上毫无戒备，一旦相互绊倒，就可能严重受伤。

（2）跳远时，必须严格按老师的指导助跑、起跳。起跳前前脚要踏中木制的起跳板，起跳后要落入沙坑之中。这不仅是跳远训练的技术要领，也是保护身体安全的必要措施。

（3）在进行投掷训练时，如投手榴弹、铅球、铁饼、标枪等，一定要按老师的口令进行，令行禁止，不能有丝毫的马虎。这些体育器材有的坚硬沉重，有的前端装有尖利的金属头，如果擅自行事，就有可能击中他人或者自己，造成受伤，甚至发生生命危险。

（4）在进行单、双杠和跳高训练时，器械下面必须准备好厚度符合要求的垫子，如果直接跳到坚硬的地面上，会伤及腿部关节或后脑。做单、双杠动作时，要采取各种有效的方法，使双手握杠时不打滑，避免从杠上摔下来，使身体受伤。

（5）在做跳马、跳箱等跨跃训练时，器械前要有跳板，器械后要有保护垫，同时要有老师和同学在器械旁站立保护。

（6）对于前后滚翻、俯卧撑、仰卧起坐等垫上运动的项目，做动作时要严肃认真，不能打闹，以免发生扭伤。

（7）参加篮球、足球等项目的训练时，要学会保护自己，更不要在争抢中蛮干而伤及他人。在这些争抢激烈的运动中，自觉遵守竞赛规则对于安全是很重要的。

3. **参加运动会时要注意**

运动会的竞赛项目多、持续时间长、运动强度大、参加人数多，安全问题十分重要。

（1）要遵守赛场纪律，服从调度指挥，这是确保安全的基本要求。

（2）没有比赛项目的同学不要在赛场中穿行、玩耍，要在指定的地点观看比赛，以免被投掷的铅球、标枪等击伤；也避免与参加比赛的同学相撞。

（3）参加比赛前做好准备活动，使身体适应比赛。

（4）在临赛的等待时间里，要注意身体保暖。春秋季节应当在轻便的运动服外再穿上防寒外衣。

（5）比赛中衣服上不要别胸针、校徽、证章等。上衣、裤子口袋里不要装钥匙、小刀等坚硬、尖锐锋利的物品。不要佩戴各种金属的或玻璃的装饰物。头上不要戴各种发卡。患有近视眼的同学，如果参加比赛，尽量不要戴眼镜。如果必须戴眼镜，比赛时一定要小心谨慎。

（6）临赛前不可吃得过饱或者过多饮水。临赛前半小时内，可以吃些巧克力，以增加热量。

(7) 比赛结束后，不要立即停下来休息。要坚持做好放松活动，例如慢跑等，使心脏逐渐恢复平静。

(8) 剧烈运动以后，不要马上大量饮水、吃冷饮，也不要立即洗冷水澡。

第三节　校园活动安全

一、踩踏事件的预防

近年来，各中小学校积极采取各种措施，深入开展安全管理专项整治行动，取得了显著成效。但是，近一段时间以来，全国发生在校园的学生拥挤踩踏事故急剧增加，对中小学生生命安全构成了严重威胁，中小学安全管理工作面临的形势依然比较严峻，应引起中小学和全体教育工作者的高度重视。

1. 预防踩踏事件的安全预案

(1) 整治班级超编。学校超规模招生是诱发踩踏事故的主要原因之一，要针对这些学校普遍存在大班额的现实和安全隐患较多的现状，提出有效的事故防范要求，要花大力气彻查、整治。一方面，这些学校要尽可能将大班额、低年级学生安排在底楼或较低楼层；另一方面，严格按计划招生，严格控制班额，小学每班 45 人，中学每班 48 人。

(2) 非寄宿学校不能强迫走读学生进行晚自习。各级教育行政部门已发文明确规定，如果不是寄宿制学校，不能强迫学生参加晚自习。初中学校晚自习时间不得超过两小时。在晚自习下课时，一定要有老师在场疏导交通，引导学生有秩序地走下楼道。

(3) 加强应急疏散演习。要制定预防校园拥挤踩踏事故的应急预案，平时加强演练。学校要利用广播体操的机会，经常性开展紧急疏散演习，适当错开时间，分年级、分班级逐次下楼，并安排教职工在楼梯间负责维持秩序，管理学生。应急疏散演习要制度化、常态化，做好防范，演习中必须特别注意安全。

（4）在学生中开展生命教育。学校要利用班会等开展“校园踩踏事件”主题教育，让老师和学生明白互相踩踏有什么后果，让学生明白如何应急疏散，如何珍爱生命。要让学生充分认识，拥挤就会出现踩踏事故，注意防范措施，了解在楼梯间打闹、搞恶作剧的危险性，增强学生的防范意识。

（5）建立健全各项管理制度。中小学校要尽快健全校内各项安全管理制度，将安全工作的各项职责层层进行分解，落实到人，每一位班主任、任课教师都要担负起对学生进行安全管理和教育的责任。一是要专门针对预防学生拥挤踩踏事故建立制度。要提出要求，采取措施，要从学生实际出发，在上操、集合等上下楼梯的活动中，不强调快速、整齐，适当错开时间，分年级、分班级逐次下楼，并安排教职工在楼梯间负责维持秩序，管理学生。二是要建立定期检查制度。要定期检查楼道、楼梯的各项设施和照明设备，及时清理楼道、楼梯间的堆积物，确保楼道、楼梯通畅，要加固已损坏的楼梯扶手，更换不符合安装规范的楼梯间照明设施，并落实专人定期检修，发生损坏及时修复或更换，及时消除安全隐患。针对个别学校楼道不符合消防标准的情况，要请消防部门的专业人员到校指导，根据学校规模，进行整改。三是要制定教师值班制度。学生晚间自习，必须有教师值班，出现停电或楼梯间照明设施损坏时，要及时开启应急照明设备，同时学校领导与值班教师要立即到现场疏导。

2．对学生开展防踩踏事故安全预案

1）学生如何预防踩踏事件发生

（1）举止文明，人多的时候不拥挤、不起哄、不制造紧张或恐慌气氛。

（2）发现不文明的行为要敢于劝阻和制止。

（3）当拥挤的人群向自己行走的方向走来时，应避到一旁，不要慌乱，不要奔跑，避免摔倒。

（4）应顺着拥挤的人流走，切不可逆着人流前进，否则，很容易被人流推倒。

（5）陷入拥挤的人流时，一定要先站稳，身体不要倾斜失去重心，即使鞋子被踩掉，也不要贸然弯腰提鞋或系鞋带。

（6）若自己被人群拥倒后，要设法靠近墙角。

（7）在人群中走动，遇到台阶或楼梯时，尽量抓住扶手，防止摔倒。

2）遭遇拥挤的人群怎么办

（1）发觉拥挤的人群向着自己行走的方向拥来时，应该马上避到一旁，但是不要奔跑，以免摔倒。

（2）切记不要逆着人流前进，那样非常容易被推倒在地。

（3）若身不由己陷入人群之中，一定要先稳住双脚。切记远离玻璃窗，以免因玻璃破碎而被扎伤。

（4）遭遇拥挤的人流时，一定不要采用体位前倾或者低重心的姿势，即便鞋子被踩掉，也不要贸然弯腰提鞋或系鞋带。

（5）如有可能，抓住一样坚固牢靠的东西，例如楼梯扶手等，待人群过去后，迅速而镇静地离开现场。

3）出现混乱局面后怎么办

（1）在拥挤的人群中，要时刻保持警惕，当发现有人情绪不对，或人群开始骚动时，就要做好准备保护自己和他人。

（2）脚下要敏感些，千万不能被绊倒，避免自己成为拥挤踩踏事件的诱发因素。

（3）当发现自己前面有人突然摔倒了，马上要停下脚步，同时大声呼救，告知后面的人不要向前靠近。

（4）若被推倒，要设法靠近墙壁，面向墙壁，身体蜷成球状，双手在颈后紧扣，以保护身体最脆弱的部位。

4）踩踏事故已经发生怎么办

（1）拥挤踩踏事故发生后，一方面赶快报警（拨打110或120等），及时联系外援，寻求帮助，等待救援；另一方面，在医务人员到达现场前，要抓紧时间用科学的方法开展自救和互救。

（2）在救治中，要遵循先救重伤者、老人、儿童及妇女的原则。判断伤势的依据有：神志不清、呼之不应者伤势较重；脉搏急促而乏力者伤势较重；血压下降、瞳孔放大者伤势较重；有明显外伤，血流不止者伤势较重。

（3）当发现伤者呼吸、心跳停止时，要赶快做人工呼吸，辅之以胸外按压。

5）危急时刻如何保持心理镇定

（1）在拥挤的人群中，一定要时时保持警惕，不要总是被好奇心理所驱使。当面对惊慌失措的人群时，更要保持自己情绪稳定，不要被别人感染，惊慌只会使情况更糟。

（2）已被裹挟至人群中时，要切记和大多数人的前进方向保持一致，不要试图超过别人，更不能逆行，要听从指挥人员口令。同时发扬团队精神，因为组织纪律性在灾难面前非常重要。专家指出，心理镇静是个人逃生的前提，服从大局是集体逃生的关键。

3．预防楼梯拥挤踩踏事故的措施

（1）坚持楼道值班制度，参加集会、课间操等集体活动，楼道口都要有专人执勤，值班老师按时站岗值日，负责学生上下楼梯的安全。

（2）参加集会、课间操等集体活动，学生集体上下楼时，各班学生行走线路固定，依次、有序地上下楼。

（3）学生集体下楼时一律不准上楼，学生集体上楼时一律不准下楼。

（4）按时放学，即使有特殊活动或事情，也必须让学生在天黑前回家，如果留学生就要负责监管学生上下楼梯的安全。

（5）确保楼梯照明灯正常使用，张贴警示标志和提示语。

（6）在特定情况下学校对学生进行分阶段放学，要求学生遵守秩序、轻声慢步、礼让右行，不能拥挤。

（7）保持楼道畅通，教育学生在楼梯上不能追跑打闹、游戏玩耍。

（8）每周检查楼梯和扶手的可靠性，一有隐患，立即消除。

（9）利用文明监督员随时纠察不遵守学校楼梯管理规定的学生，并对其进行教育。

（10）加强对学生进行自护常识的教育，并制定停电的应急措施，教育学生遇突发事件不惊慌，增强自护、自救能力。

4．踩踏事故后的应对措施

1）自救：

踩踏发生摔倒后先护头胸。踩踏事故中摔倒的人，一般都是平趴着，身体正面朝下。在人群中如果摔倒，首先是要保护自己脆弱的后脑部位和肋骨区域。手部动作：第一时间要用双手交叉放在颈部、后脑部，双臂夹在头部两侧。腿部动作：要想办法将双膝尽量前屈，护住胸腔和腹腔的重要脏器。躯体动作：顺势侧躺在地，这样还能形成一定空间保证呼吸。侧躺在地上可避免脊椎、脑部受到踩踏，即便腿部、身体侧面被踩成骨折，也不至于立即致命。其次，如果摔倒了最好不要向墙边等狭窄区域移动。因为在这个地方还会有人摔倒，会导致压在下边的人窒息。踩踏事故没有预见性，所以建议人们最好不要刻意到人员过于密集的地方。当你发现人员非常密集，有人挤人的情况发生时，首选的姿势就是：双臂交叉，双手放在肩下部或者左右手交叉握住对面的上臂，以保护心肺。在人员拥挤的地方最好能选择在靠墙的两边行走，因为踩踏事件都是发生在人员最挤的中间部分。发生踩踏都是因为前方出现误导或者有人摔倒引起的。当你在拥挤的人群中行走时，不论是掉钱还是掉手机，都不要去捡。因为人多时，很可能会把你挤倒，发生危险。

2）他救

踩踏事故发生后，大量的人群会从事故发生地跑出去。这会使救援的医护人员不能尽快赶往现场进行救援。这时候，需要在场的一些懂得医疗救援的人在确保自己安全的情况下马上参与救人。救人过程中，应该先救重症再救轻症。现场人员可以先将受伤者分成重伤、轻伤，死亡人员也要单独分开或作区分，防止在救治过程中重复区分，耽误救援时间。现场救护要点如下：

（1）判断伤者是否清醒。区分重症和轻症伤者时，首先就是要确定其意识是否清醒。如果意识清醒再从头到脚对其进行检查，看有无内伤。

（2）判断伤者有无内伤。外伤可能一眼就能看出来，但内出血看不出来却很危险。最容易大出血的部位是内脏和骨盆。内脏主要怕心肺出血，如果有心肺出血，尤其是肺部出血时，口部会有大量血沫。这个问题对于没有医学知识的人来说不好处理。骨盆骨折出血看不出来，也很危险，可以通过让其平躺，用双手向内按压其骨盆，如果疼痛就考虑是骨盆骨折，可以用衣服或者条幅等物品将骨盆兜住，并要禁止伤者再挪动。

（3）四肢骨折小心处理。四肢骨折，可以通过按压四肢来判断，骨折处会疼痛。发现骨折后，现场止血条件达不到，可以先固定骨折部位，不让受伤部位重复受伤。固定物的长度一定要超过两个关节，比如小臂受伤，就要选择超过从手腕到肘关节长度的固定物。

（4）脊椎受伤最好别动。脊椎受伤的情况下受伤者是不能被移动的。如果伤者自己不能移动，最好施救者就不要移动。脊椎受伤，一旦移动不当，很有可能会使脊椎折断，导致神经受伤而引发瘫痪。

（5）心肺复苏一定要做。踩踏事故发生后，进行心肺复苏的成功率比较低，但也不能放弃。如果发现有人刚没了呼吸、心跳，可通过心肺复苏救治。这个时候不再考虑其是否有心肺大出血，因为窒息的人和心肺出血的人从外表上无法分辨，所以只能使出所有办法来救治，如果这个人刚好就是窒息的，就有机会获得新生。

二、学生宿舍安全常识

学生宿舍是集学生休息、学习、活动的主要场所，也是安全问题频繁发生的场所。

1. 宿舍防盗措施

（1）最后离开寝室的同学要锁门，要养成随手关门锁门的习惯。

（2）不能随便留宿非本寝室人员，若要留宿则应向宿舍管理人员和学校有关部门汇报。

（3）对形迹可疑的陌生人应提高警惕，及时报值班宿管或校卫，一律不能让其进寝室。

（4）注意保管好自己的钥匙，不要随便借给他人，丢失钥匙后应及时登记补办。

（5）加强对宿舍的管理，门窗经常检查，及时消除安全隐患。

（6）进出公寓携带大件物品的同学，必须出示证件并统一在值班室履行登记制度。

2. 安全意识低的表现

（1）居住成员混杂、搬动次数频繁的宿舍。寝室人员常有进出，难以照应，给宿舍管理带来困难，容易被坏人钻空子。

（2）管理松懈、要求不严的宿舍。学生宿舍人员进出十分随便，外来人也可随意找人进来参观，容易使盗贼乘虚而入，进行盗窃。

（3）缺乏警惕性、互不关心的宿舍。有的同学看到宿舍里有外来人不声不响、不闻不问、漠不关心，这种状况是盗贼分子求之不得的。

（4）门窗缺乏安全措施的宿舍。房门锁坏未及时报修或门上无保险锁；二楼以上窗户，如有便于攀爬的管道、壁沿等，也难免不被盗贼利用，翻入室内作案。

3．学生宿舍被盗的时间点

（1）刚开学时，宿舍进出人员较多，容易发生被盗。

（2）放假前，学生在宿舍整理东西时，容易发生被盗。

（3）学校举办大型文体活动，外来人员剧增时，容易发生被盗。

（4）开门频繁，盗贼易乘虚而入时，容易发生被盗。

（5）同学都去上课、上晚自习而宿舍楼无人时，容易发生被盗。

（6）学校开大会、运动会或看电影等，同宿舍的学生走空时，宿舍处于“真空”状态，容易发生被盗。

4．盗贼盗窃学生宿舍常用的手段

盗窃分子作案，主要目标是现金、电脑，包括银行存折和汇款单；此外，还有照相机、衣物等价值较高的物品。盗窃分子入室后，往往是先开抽屉，再开箱子，最后翻被子、枕头和衣物等。盗贼被人发现后，一是“骗”，推说是来找人的，以蒙混过关；二是“逃”，趁只有一两人发现，还未对其形成合围之势，立即逃之夭夭；三是“混”，先逃出发现者的视线，再躲入厕所、空房或阳台等处，等混乱过后再从容离去；四是“求”，装出一副可怜模样，请求别人放过他。

5．遇到盗贼怎么做

（1）保持警惕，头脑冷静，急而不乱，及时报本栋宿管及校卫。

（2）以正压邪，堵住其逃跑出路；大声呵斥，对其形成威慑，并大声招呼同学捉贼。

（3）随机应变，注意安全。援兵未到时，应保持距离，将其置于视线之内；与其周旋，要防止其行凶伤人。

（4）如有两个窃贼，同学们人数不够时，应集中力量抓住其中一人。

（5）抓获窃贼后，应将其强制控制，并通知宿管，扭送至保卫部门。

（6）万一无法抓住窃贼，应记住窃贼特征，如年龄、性别、身高、体态、相貌、衣着、口音以及其他比较明显的特征，以便向公安机关提供破案线索。

6. 发现宿舍被盗后做些什么

（1）立即向公安机关和值班室、宿管及保卫部门报案。

（2）保护好现场，不要让同学进入被盗的房间。

（3）如发现存折被盗或可能被盗，立即到银行挂失。

（4）如实回答保卫人员的提问，力求全面、准确。

（5）积极向公安人员提供情况，反映线索，协助破案。

7. 宿舍防盗常识

（1）离开宿舍时，必须关好门窗、上好锁。

（2）保管好宿舍钥匙，不能随手乱放、外借，要随身携带。

（3）贵重物品须随身携带，不可在宿舍存放大量现金、手提电脑、手机、钱包等贵重物品。

（4）严禁在宿舍留宿外来人员或非本宿舍人员。

（5）发现可疑人员及时上报本栋宿管人员或报校保卫处处理。

第四节　校园暴力的预防

一、校园暴力的类型

1．打架斗殴

打架斗殴是校园里最常见的暴力行为，通常是一些品德较差的大同学，自以为有力气，就以大欺小、以强凌弱来殴打校内外的学生。除此之外，还有一伙中学生与另一伙中学生相互殴斗的现象，也称为学生打群架。中学生打架斗殴破坏了学校的正常秩序，给学校带来了不好的声誉，对学生的身心造成伤害，其危害性是显而易见的。

不难发现，中学生打架斗殴的发生具有时间上的规律性：

（1）放学时。中午或傍晚放学，特别是周末中午，一些与校内学生有联系的校外少年，还有被学校开除的不良少年，站在门口寻找机会打架。同时，大批学生出校时易因发生碰撞而引发打架。

（2）考试结束时。每个学期的期中和期末考试后，老师忙于批改试卷，学生普遍放松，一些不良学生就惹是生非，易发生打架斗殴。

（3）秋季开学时。新生刚入学，学校老同学串联的，其中有因过去的“仇恨”而算账的，往往采用暴力攻击的手段来解决。

（4）课外娱乐活动时间。不少学生喜欢到校外去打桌球、玩电子游戏和相聚郊游等。由于社会活动场所管理不严，人员复杂，学生之间常因争输赢、争地盘而发生冲突，导致打架斗殴。

（5）节假日。在节假日期间，有的学生家长不在家中，在无事可做的情况下，有的学生就跑到外面去，易发生打架，甚至相约互斗。

2．强索钱财

这是近几年来发生的比较普遍且严重的校园暴力现象，往往发生在中小学校门口或附近地区。大年龄的中学生向低幼学生强索钱财，以暴力相威胁，逼迫低年龄学生交出零用钱或学习用品等，并不准他们告诉学校和家长。此类事件不仅摧残了被袭击学生的心灵，影响他们的学习生活，而且造成许多家长人心惶惶，对孩子的身心和教育担惊受怕。

3．毁坏物品

有的中学生由于心中的不满、怨恨等情绪作用，通过毁坏物品来表现和发泄。在一些中学里可以看到被学生破坏的课桌椅、墙壁、门窗等，其中一部分就是有的学生发泄情绪实施攻击的结果。这类攻击行为的目标可能是人，也可能是物。

4．争风吃醋

青少年生理、心理的早熟使早恋现象越来越呈现低龄化趋势，而早恋给青少年的成长和生活所带来的负面影响是显而易见的。但由于中学生心理不够成熟，往往会因为某位学生而产生嫉妒、排挤甚至仇恨的心理。小小的矛盾因为缺乏沟通和引导而酿成打架甚至凶杀等暴力事件。

5．心理障碍

青少年攻击行为还有一种特殊的情况，这就是由于青少年的精神障碍所引起的攻击性行为。国内外研究表明，青少年精神疾病患者的一个主要表现就是具有攻击伤害他人的行为，主要原因在于他们的意识障碍、幻觉和妄想作用、智力障碍、情绪情感激烈等。在这种异常心理的支配下，青少年精神疾病患者易与他人发生冲突，引起攻击性行为，给他人造成轻重不等的伤害，极端严重的可以致人死亡。比如常见的少年多动综合征，表现为多动、多话、任性和注意力不集中等，较严重地影响患者的学习和生活，并会干扰社会秩序。有多动综合征的少年行为常有攻击性。一次性精神症状有突然发怒、行为冲动的表现；二次性精神症状有明显的暴力攻击行为，在生活中喜与人吵架和打架。又如，少年精神分裂症表现为意志和行为的障碍，造成行为混乱，在兴奋之下会伤人或物。再如，少年躁狂症者有的经常惹是生非，发生打闹等冲动行为，造成对他人的攻击。鉴于这些攻击行为不是一般的品德障碍，而是在精神障碍的情形下发生的，所以应提醒人们给予特殊的注意。

二、引发校园暴力的原因

校园暴力从根本上说是社会暴力病态向校园延伸的结果。如果任由这种势头发展下去，无疑会给在校青少年造成一种不良的暗示：武力比智力更有价值，邪恶比正义更有力量。如果青少年一旦形成这种认识上的偏差，无论对其个人还是对社会而言将是非常危险的隐患。这种由家庭、社会和学校多方造成的校园“恶瘤”，如果不在校园内得到应有的遏制，那么以后社会将会为此付出更昂贵的代价。

1．家庭暴力与校园暴力的关系

校园暴力的施暴者大多生活在不幸的家庭。他们大多受到极度贫困、父母离异甚至家庭暴力等负面的刺激。家庭生活的不和谐很容易使孩子感到缺少关爱和安全感，从而形成“攻击性人格”。为此，他们往往采用暴力去欺凌弱小，一方面释放压抑，获取一种心理上的平衡，另一方面还可借此在同学中树立“威信”。可见，缺乏关爱、缺少管教是这些孩子走上违法犯罪道路的根本原因。

2．老师教育不当催生校园暴力

老师对学生施行暴力或“冷暴力”也是校园暴力产生的土壤。老师不论出于什么目的体罚学生，带来的负面影响都是严重的。老师施暴在前，学生想要对抗在后，这也是“榜样的力量”。

现在老师对学生体罚的事件，虽还时有发生，但已大大减少，这正是教师观念进步的体现。而校园“冷暴力”却常常被忽略。校园

“冷暴力”是指在教育过程中，老师对“问题学生”采取不理睬、疏远、隔离及在语言上进行讽刺等行为。这些看来并没有什么大不了的举动，但其杀伤力更大。老师如果对个性较强的孩子采取“冷暴力”，将会极大地伤害孩子的自信心和自尊心。轻则导致他们厌学，重则造成自闭的后果，还可能会影响到他们的心理健康，极易成为校园暴力的施暴者。

3. **暴力文化误导产生的负面影响**

报道显示：校园暴力犯罪呈现出团伙化、暴力化和犯罪手段成人化的特点。他们作案前有预谋，整个过程之周全、手段之残忍，让成年人都叹为观止。他们是从哪儿学到这些“知识”的？答案出乎意料又不出所料：正是一些小说和影视剧甚至是新闻报道教会了青少年如何犯罪！一些出版物甚至某些新闻报道，为了追求所谓的“效果”，将犯罪分子的犯罪过程描写得格外详尽，什么手段、什么药物、案后现场如何清理……应有尽有，一清二楚。

据一些省、市未成年犯管教所反映，少年儿童中有70%以上受到过不良文化的影响；暴力型和奸淫型少年犯中，90%以上看过凶杀、暴力、淫秽录像和黄色书刊。

为了追求商业利润，一些无良的书商，把漫画化了的暴力图书一本本塞给孩子们；一些无知的影视制片人，把神化了的暴力英雄包装成偶像一个个贩卖给孩子们；一些无耻的游戏开发商，把虚拟了的血腥暴力制成游戏碟一张张推销给孩子们。现在的孩子，看到了太多的枪杀、武打的暴力场面。而当看得太多时，神经就麻木了，再血腥的场面也会习以为常。在现实生活中，这样的孩子就有可能做出类似影视作品、网络游戏中的暴力行为还不以为然。

未成年人正处于发育阶段，心理、生理尚未完全成熟，社会经验少，缺乏对复杂事物的判断能力。他们对部分影视作品或书籍中所宣扬的江湖义气、以暴制暴和暴力英雄不能正确认识，而是错误地认为，暴力英雄是无所不能的，江湖义气是可歌可泣的，黑帮英雄才是社会的强者。所以他们往往先好奇，再崇拜，然后去模仿，这样影视作品的影响力就被无限放大了。如前段时间台湾电视剧《斗鱼》播出后，剧中主人公的穿着打扮、言行举止被广大中学生争相效仿。一时间，校园暴力行为剧增。

4．青少年容易有过激行为

校园暴力表面看似是个别、简单的社会现象，其实具有复杂的社会心理背景。据有关部门调查，80%以上的城市中小学生存在不同程度的攻击性行为，其中独生子女又占大多数。独生子女从小在家就是小皇帝，得到太多的宠爱而又缺少管束，刁蛮专横、唯我独尊。这正是攻击性性格形成的重要心理依据。

5．应试教育

学校在教育学生时往往过分注重学生的学习成绩，而有意无意地忽略了学生健全人格与健康心理形成的培养。应试教育使一部分学生成了被淘汰者，于是他们试图以暴力这种特殊方式来获取老师的关注与同学的承认。

三、学校对预防校园暴力的具体措施

校园暴力给学生个人、家庭乃至社会造成的危害是巨大且长久的，铲除校园暴力是我们的当务之急。预防校园暴力应从以下几个方面入手：

1．加强学校安全教育工作

要坚持树立安全是“1”，其他是“0”的思想，定期举办安全知识讲座和法制报告会，组织学生观看法制教育专题片。可针对流行趋势和当前的发展现状，融入更丰富的内容和更新颖的形式。如用反暴力的偶像示范，学生可能会乐于接受。

（1）将心理健康教育作为中小学校学生的必修课。学校教育的根本目的是完善和提高受教育者的综合素质，现代教师要有21世纪的教育质量观和人才观，切实从应试教育转向素质教育。各级各类中小学校都要摒弃过去那种只重视教学成绩，轻视德育工作的育人理念。要把学会做人、学会共处、学会求知的育人理念，贯穿于整个教学过程当中；要从教育社会学的角度，尽量排除任何诱发、增强及扩大青少年暴力倾向的学校社会环境；要训练学生应对学习生活中各种压力的心理承受能力，指导学生建立和谐、友好、可信赖的人际交往关系；教师及德育工作者要善于发现引发暴力事件的苗头，并对有明显暴力倾向的学生进行必要的心理疏导，从而使暴力事件能够被及时消灭在萌芽之中，做到防患于未然。

（2）健全校园暴力事件（安全事故）的预防、监督、管理机制。从某种意义上讲，中小学校的大多数暴力事件是可以避免的，关键在于学校能否建立起一套完善的预防、监督和责任机制。每一位教师和教育工作者都应该具有强烈的社会责任感，要善于发现和化解有可能引发暴力事件的矛盾和问题。一旦发现学生有打架斗殴的苗头或暴力倾向，除了要做好必要的心理疏导外，还要用法律、道德、纪律、规章等去约束学生的行为，最大限度地防止校园暴力事件的发生。除此以外，学校还可以尝试与所有的教师、家长、学生之间签订安全责任书，使安全责任落实到人，做到群防群治，防患于未然。

（3）教师要避免发生体罚或伤害学生等现象。教师被喻为人类灵魂的工程师，从事的是一项光荣而又神圣的职业。中小学校应加强师德师风建设，认真组织学习教师职业道德规范；学校要坚持“以人为本、以生为本”的育人理念，充分做到“一切为了学生，为了学生的一切”。所有教师都要努力提高自身的道德修养和职业素质，改进教育方法。要尽量避免去伤害学生的自尊心，更不能体罚学生。只有这样，教师才能得到学生的尊重，才能最大限度地避免师生间矛盾的激化或伤害事件的发生。

2．让学生深刻认识生命安全的意义

暴力的基础就是对生命的极端漠视。在虚拟的世界里，没有真实的受害者。这一事实很容易使他们产生“再暴力的东西都与人类感受无关”的错觉，以致现在的孩子们不但漠视动物和他人的生命，甚至漠视自己的生命。针对这一点，我们可对学生进行生命孕育、生长等知识的传授。这既能让学生对自己有所认识，也能使学生对他人的生命多关怀、珍惜和尊重。

我们还应该教导孩子们遵从最基本的价值取向，让他们懂得人生活在一个社会里应该是平等的、公正的，相互之间应该是富有同情心和怜悯心的。只要让孩子懂得社会生活中最基本的原则是对他人的尊重和同情，他们对暴力的危害就会有新的理解。

3．老师以身作则，预防“冷暴力”

目前，法律法规在对待老师的“冷暴力”上还显得相当苍白，但教育行政部门早已关注校园“冷暴力”问题了。各地学校也从加强师德建设入手，尽力消除校园“冷暴力”。对学生多一分理解，少一点苛责，多一份信心，少一点失望，多一份亲切，少一点冷漠，为学生创设一个平等和谐的学习和发展的空间。这些做法无疑将会对消除校园“冷暴力”起到积极的遏制作用。

4．教育学生远离暴力文化

虽然我国有关青少年问题的法律中都一律禁止孩子接触暴力文化，而在现实中却基本没有可操作的限制性规定，还基本处于放任状态。实际上，我国对影视作品中的暴力没有分类，更没有因为其中有暴力内容而限制孩子观看。现阶段，这种状况应有所改变，才能适应时代的发展。有关部门应制定相关条文，对电影电视作品进行分类，并推广至网络媒体、电子游戏和书报杂志，为孩子们提供更多健康的精神产品。定期彻底清查和净化文化市场、净化孩子们的视听，切忌让未成年人接触带有暴力行为的文化。

5. 防范重于事后解决

一方面，从自身做起，加强思想道德修养，从而铲除校园暴力滋生的土壤。许多案例表明，校园暴力事件的发生有一定的条件和气候，越是思想政治工作薄弱、学生纪律差的班级，发生的事件越多。学校暴力事件是一种见不得人、偷偷摸摸的勾当，因此它只能在黑暗中进行。如果我们让阳光普照校园，那么参与暴力者就不敢出现。阳光是什么，阳光就是班级的正气和学校的正气。每个同学都要树立正气，这样才会形成班级的正气和学校的正气。所有同学必须努力做到“十要十不要”：要举止文明，不要口出脏话；要自尊自爱，不要自以为是；要尊重他人，不要出口伤人；要团结互助，不要欺弱怕强；要礼貌待人，不要打架斗殴；要强身健体，不要吸烟喝酒；要友谊为重，不要早恋自误；要遵守秩序，不要围观起哄；要开卷有益，不要盲目阅读；要学习法纪，不要我行我素。

另一方面，各班级要配齐安全班委，定期向班级、年级和学校反映可能发生的校园暴力隐患，积极争取学校、社会和家庭的保护和帮助，将校园暴力扼杀在萌芽之中。我们有理由相信，只要家庭、学校和社会齐心合力，校园暴力这颗毒瘤就一定会被铲除，我们的校园定会成为孩子们的成长乐土。

四、全面预防校园暴力

校园暴力作为一个严重的社会问题，已经引起社会各界的普遍关注，而预防和减少校园暴力的发生则是一个系统性工程。只有全社会共同行动起来，国家、社会、学校、家庭等方面都采取一些积极有效的措施，才能最大限度地预防和减少校园暴力事件的发生，共同为广大中小学生创建一个文明和谐的校园育人环境。

1．**国家职责**

作为国家的立法机关，全国人大及其常委会应尽快制定出保障校园安全的法律法规，为打击和遏制校园暴力伤害案件的发生提供强有力的法律支持；各级政府和教育行政管理部门应加大中小学校安全事故（特别是暴力事件）的监督和检查力度，完善校园安全的监督管理责任机制，为创建文明和谐的校园环境保驾护航。此外，国家应尽快出台政策，采取有效措施解决因“留守儿童”衍生出来的社会问题，特别是安全问题。

2．**家庭环境**

（1）转变教育观念，远离家庭暴力。父母是孩子的首任教师，家庭具有教育子女的职能。家庭教育对子女思想品质、性格的形成有着重要的影响，父母的一言一行都潜移默化地影响着子女。按照我国《婚姻法》的规定，“保护和教育未成年子女”既是父母的权利，又是父母的义务，并且设定禁止家庭暴力，禁止家庭成员的虐待、遗弃等条款，严格禁止亲权的滥用。一方面，夫妻双方应避免因家庭琐事引发家庭暴力，使子女受到影响或伤害；另一方面，在教育子女的方式方法上，要避免“棒子头上出孝子”、“不打不成才”现象的发生。目前，有许多未成年子女情感发育严重不足，普遍出现了冷漠、孤僻、暴躁等情感特征，这与子女在家庭受到暴力伤害等因素有着密不可分的关系。

（2）转变人才观，把子女当人看。在当前的家庭教育中，许多家庭把智育作为压倒一切的教育活动，总希望自己的子女出人头地、光宗耀祖，若孩子某次考试成绩不理想或做错了事都会成为被斥责、遭惩罚（或体罚）的导火线。这种望子成龙的心情是可以理解的，但长此以往，就会使孩子生活在压抑和不安的状态之中。若这种情绪一旦带到学校，很可能因为与同学发生矛盾而诱发出来，使其他同学成为被发泄的对象或暴力事件的受害者。因此，家长要切实转变人才观，学会尊重子女，把子女实实在在地当人看，让孩子感受到家庭的温暖。

3. **社会责任**

校园暴力事件的发生，往往与社会环境、不良风气的影响有着直接关系。一方面，社会各方面要花大力气，治理整顿不良社会风气，改善治安环境，特别是要预防发生在中小学校的抢劫、绑架等严重暴力案件；另一方面，要限制或禁止媒介对暴力文化的不当传播（如暴力影片、暴力玩具、网络暴力游戏、口袋书等），最大限度地净化文化市场。除此之外，有关部门应尝试开通“反暴力”热线电话，对有暴力倾向的中小学生进行必要的心理疏导。同时对遭受过暴力伤害的学生给予及时的心理治疗，使之早日摆脱因暴力事件留下的阴影。

4. **青少年学生要具备自我保护意识**

中小学生正处于长身体、长知识的重要时期，各方面都不成熟，缺乏自我保护的能力。而家长、老师和社会也不可能时时刻刻地呵护着他们，中小学生只有自己长本事，才能有效防范来自社会生活中的侵权侵害。青少年、尤其是未成年中小学生增强自我保护意识、提高自我保护能力，是十分必要的。具体应做好以下几个方面：

（1）提高自我保护意识。如遇事不要忍着不吭声，要及时告诉家长或者老师；身上尽量不携带太多的钱物；受到暴力侵害时，立即采取灵活的应急措施，不刺激对方，以减少被侵害程度，事后立即报案。

（2）提高社会交往能力。如交友要谨慎，少与行为不端的人联系，不要上网交友，更不要网恋或私自会见网友；出外办事不单独行动，要与同学结伴而行，以免发生意外。

(3）养成谨言慎行的习惯。在学校日常生活中，不要说刺激、伤害别人的话；在公共场合遇到可疑者时，设法避开；化妆、服饰要得体，不要过分暴露；不要贪图小便宜，不要给陌生人交付现金以及物品；与他人发生矛盾或冲突时，尽量用和缓的语言和手段加以处理，等等。

第五节　校园火灾预防常识

一、常见火灾隐患多发点

1. 教室火灾隐患

（1）门不畅通或只开一个门；

（2）使用大功率照明灯或电热器具取暖且靠近易燃物；

（3）违反操作规程使用电子教具；

（4）线路老化或超负荷；

（5）不按照安全规定存放易燃物品；

（6）在教室内吸烟、乱丢烟头。

2. 实验室火灾隐患

（1）实验室易燃易爆物品保存不当或打碎洒落；

（2）实验过程中违反操作规程；

（3）实验过程缺少专人指导；

（4）实验项目缺少防火措施；

（5）试剂混存。

3. 图书馆火灾隐患

（1）电线、电器设备发生短路；

（2）火柴、打火机等意外点燃；

（3）吸烟、乱扔烟头；

（4）疏散通道不畅。

4. 宿舍火灾隐患

（1）使用劣质电器；

（2）违章使用大功率用电设备，使线路超负荷；

（3）私接乱拉电线；

（4）卧床吸烟；

（5）在蚊帐内点蜡烛看书；

（6）擅自使用煤油炉、液化气灶具、酒精炉等可能引起火灾的器具；

（7）焚烧杂物；

（8）台灯靠近枕头、被褥；

（9）手机充电器放在床上充电。

5. 礼堂、报告厅火灾隐患

（1）电线老化：

（2）乱丢烟头；

（3）大功率照明灯靠近幕布或易燃装饰物；

（4）违章使用明火；

（5）安全门、疏散通道堵塞；

（6）场馆内人数严重超过额定人数。

二、火灾预防常识

1. 学生宿舍火灾预防

学生宿舍防火安全应做到十不准：

（1）不准私拉乱接电线；

（2）不准卧床吸烟和乱扔烟头；

（3）不准占用、堵塞疏散通道；

（4）不准在楼内焚烧杂物；

（5）不准携带易燃易爆物品入舍；

（6）不准使用“热得快”等电热设备；

（7）不准使用酒精炉等明火器具；

（8）不准擅自变动电源设备；

（9）不准离开宿舍不关电源；

（10）不准损坏灭火器和消防设施。

2. 常用电器火灾预防

1）电吹风引起火灾的原因及防火安全措施

（1）电吹风引起火灾的原因：

① 电吹风正在使用时，因有其他事情走开（如接电话、有人敲门去开门等），随手将电吹风往木台上一搁，并完全忘记了使用过电吹风的事，结果长时间搁置，于是电吹风外壳的高温便引燃可燃物。

② 在使用电吹风时遇上停电，在未断电源的情况下去处理其他事情或外出，待恢复通电以后电吹风的电热丝长时间加热，温度升高，引起火灾。

（2）电吹风防火安全措施：

① 电源插座以及导线要符合防火安全要求，连接要紧密牢靠。

② 谨防敲打、跌碰，禁止拆卸电吹风，以免损坏发热元件以及绝缘装置，造成漏电甚至短路，引起火灾。

③ 使用电吹风时人员不能离开，更不能将其随意放置在台凳、沙发、床垫等可燃物上。

④ 使用完毕一定要及时切断电源。

2）白炽灯引起火灾的原因及防火安全措施

（1）白炽灯引起火灾的原因：

① 白炽灯泡表面温度很高，能烤燃与其接触或邻近的可燃物。在一般散热条件下，白炽灯泡的表面温度随着其功率增大而增大。例如，功率分别为40瓦、100瓦、200瓦的白炽灯，其灯泡表面温度可分别达到50℃～60℃、170℃～200℃、160℃～300℃。而木材、纸张、棉布、柴草等的燃

点都很低，若与正在通电使用的灯泡靠近，就很容易将其烤着起火。经测试表明，200 瓦的白炽灯紧贴木箱，不到 1 小时就能将木箱烤着；如紧贴棉衣，只需 5 分钟就能起火燃烧。灯泡的功率越大，开灯时间越长，灯泡表面温度越高，可燃物燃点越低，二者的距离越近，越容易引起燃烧。

② 因供电电压过高，灯泡功率过大，导线负载能力小，绝缘老化，致使导线过热，短路起火。

③ 因供电电压过高，灯丝发热量过大，引起灯泡内部惰性气体剧烈膨胀或功率大、表面温度高的灯泡受到骤冷骤热、水溅、震荡等，致使灯泡爆炸，高温玻璃片、高温灯丝溅落到可燃物上，引起火灾。

④ 因灯头接触部分接触不良，引起发热、打火；在灯头的玻璃壳连接松动时拧动灯头，发生短路，引起火灾。

（2）白炽灯防火安全措施：

① 灯泡应设置在安全、妥善的地点，与可燃物之间应保持一定的防火间距。在可能遇到碰撞的地点，灯泡应有金属保护网或玻璃外罩。

② 严禁用纸、布或其他可燃物遮挡灯具，不准用灯泡在被窝里取暖和烘烤衣物。

③ 不得将灯泡挂靠在木质家具、门、框或硬纸板上，也不得将灯泡嵌在天花板或顶棚里。移动台灯时灯泡要与窗帘布、蚊帐等可燃物品保持一定距离。

④ 白炽灯的供电电压不能超过其额定电压。不得用湿手或湿布擦正在工作的灯泡，以防灯泡爆炸。如果灯头与玻璃壳连接松动，不得强行拧动灯泡。如果使用 150 瓦以上的灯泡，不得使用胶木灯口，以免发热起火。

⑤ 白炽灯所用导线应当具有优良的绝缘性能。导线不得靠近灯泡，以防因长时烘烤使导线绝缘层老化、熔化、燃烧。在线路上要安装保险装置，保护线路。开关不得安在地线上。

⑥ 使用白炽灯特别是大功率白炽灯，连续通电的时间不宜过长，不得

点“长明灯”。人员外出、上课要牢记关灯。

3）日光灯引起火灾的原因及防火安全措施

（1）日光灯镇流器引起火灾的原因：

① 镇流器质量差。有些镇流器在出厂时没有经过严格检验或自己绕制镇流器，由于粗制滥造，质量较差，如线圈匝数不足、绝缘能力不够、线径过小、铁芯面积过小、空间间隙太大、硅钢片插得不紧等。这些都容易使镇流器发热，产生高温，以致损坏绝缘、沥青融化并从盒内溢出等，从而形成短路，引起火灾。

② 镇流器选择安装不当。例如，选用镇流器与日光灯管功率不匹配、各接点接触不牢、镇流器紧贴天花板等可燃材料安装，并且安装部位通风散热条件很差。这样，一方面镇流器容易发热，另一方面热量不易散发，从而大量骤热，形成高温，烤燃可燃物质，引起火灾。

③ 使用不当。日光灯的供电电压过高，超负载等会使镇流器产生高温，日光灯连续使用时间过长或开、关日光灯过于频繁等，也会使镇流器产生高温，甚至酿成火灾。

④ 维护保养不良。日光灯镇流器上积落大量可燃粉尘、木屑等，如果镇流器产生高温会被烤焦起火；镇流器受潮或者进水等，会使线圈绝缘能力下降，甚至短路起火。这些都是平时维护保养不善所致。

（2）日光灯镇流器防火安全措施：

① 要选用优质合格产品。日光灯与镇流器的功率要相互匹配，不能使用无合格证的镇流器，也不能自己绕制镇流器。若镇流器通电后有嗡嗡的响声，则表明其质量差，容易发热；通电半小时后，用手摸镇流器如烫手，则说明镇流器质量不好。

② 安装日光灯时，镇流器不能直接安装在可燃材料上，要注意通风、防雨、防尘。镇流器底部应朝上，不能朝下，更不能竖装，以防其中的沥青受热融化外溢。

③ 使用中要加强检查和维护，防止供电电压过高或过载。日光灯不能频繁开关，也不能长时间连续使用，以防镇流器过热。检查中如发现接触点接触松动，镇流器发出响声，手摸时烫手或闻到焦味，都要采取措施处理。人离开时应随手切断电源。

3．驱蚊时要有防火意识

夏季，尤其是夜晚，人们常常驱赶蚊虫。但在使用明火驱蚊时，稍有不慎，就会引起火灾。因此，在驱蚊时要特别注意防火。

（1）点燃的蚊香要放在金属支架上，要远离窗帘、门帘等可燃物，千万不能直接放在木板或其他可燃物上。

（2）自制的蚊香点燃后，应放在盆里，并用砖块垫底。

（3）点火驱蚊时，要有人看管，做到人走火灭。

（4）最好用“灭蚊剂”或电子驱蚊器，以利安全。

中小学校园有很多潜在的火灾隐患，如果不加以重视或整改，极易导致火灾事故发生，就会给学生和学校造成无法挽回的损失，甚至危害大家的生命和财产安全。因此，我们要有消防安全忧患意识，随时发现身边的消防安全隐患，及时向消防安全主管单位汇报情况，认真整改，彻底消除火灾隐患。

第六节　其他伤害

一、加强学校安全保卫工作

近期，社会上治安形势严峻，一些刑事案件呈上升趋势。近年来，一些学校加大了建设投入，固定资产增加，教学设备先进，学校的名气越来越大。这是件好事，但同时也被一些不法分子列为实施作案的目标。因此加强学校的保卫工作，提高师生的防范意识，建立严格的管理制度，保证学校教育教学活动的正常进行，保证师生的人身财物的安全是目前一项重要而紧迫的工作。严格加强学校的安全保卫工作的具体事项如下：

1. 建立规范的接待制度，把隐患阻挡在校外

（1）凡来客来访一律进行登记，填写《会客登记表》，离校时接待人需签字。

（2）学校禁止一切推销、收购等人员入校。

（3）各部门因业务往来和教学往来需要来校的外部人员，须经学校允许方可进校，并由专人负责接待。

（4）教师约定的家长来校应事先与传达室联系并通报会见的时间及学生的姓名。

（5）各班级组织的家长会，应经学校教导处的认可，并由教导处通知学校总务处，没有教导处同意的各类家长会，学校不予放行。

（6）严格履行静校制度，届时将由学生处、总务处联合进行检查。学校将对执行静校的各班级进行严格的考核。

（7）学校加强对各班、各部门、各处室进行检查。在教室、办公室无人的情况下，都要自觉将门锁好。对于未锁门的班级和部门将予以公告并进行处罚。

（8）在课间操、午休时间，保安应加强楼内巡视。

（9）加强夜班执勤的管理，做到按时到岗、按时巡查。

（10）对全校师生开展认清治安形势，提高自我防范意识教育。

2. 加强校园安全防护措施

（1）在学校各重要地方安装监控系统，实行 24 小时监控。

（2）将部分办公室的门锁更换为保险锁。

（3）办公室配备铁皮柜。

（4）仓库安装防盗门。

3. 在职教师要树立强烈的安全意识观

对于在此期间玩忽职守，不按时到岗，离岗、睡觉、办私事、不认真负责等一切违反各项值班规章制度的值班人严肃处理，严重的予以辞退。

4. 教师要各尽其职，配合学校搞好保卫工作

（1）教师增强自我防范意识，妥善保管好自己的财物，贵重物品和现金要不离身。

（2）电脑笔记本白天要锁在办公室的铁皮柜内。

（3）发现可疑情况应及时与学校联系。

（4）住宿老师应遵守住宿制度，不得将陌生人带到宿舍留宿。不允许使用电炉等电器设备取暖、烧水做饭，防止火灾发生。

二、校园网络安全

近年来，随着 Internet（因特网）的迅速普及和“教育要面向现代化，面向世界，面向未来”指导思想的贯彻实施，各大中专院校相继建成或正在建设校园网。校园网的建成，使学校实现了管理网络化和教学手段现代化，这对于提高学校的管理水平和教学质量具有十分重要的意义。然而，由于各种因素导致的校园网数据丢失、被修改或系统瘫痪屡有所闻。究其原因，有的是主观意识和技术水平等因素，有的是客观上 Internet 固有的开放性和安全隐患造成的。因此，在校园网络及其信息系统中如何设置自己的安全措施，使它安全、稳定高效地运转，发挥其应有的作用，成为各学校越来越重视的问题。

1. 校园网所面临的安全威胁

任何计算机网络，只要运行就可能面临安全性威胁，校园网也不例外。校园网及其信息系统所面临的安全威胁既可能来自校园内部，又可能来自校园外部，主要有以下几种：

（1）“黑客”行为。由于网络的开放性及技术的公开性，一些人出于好奇心，蓄意破坏和为了使自己获得某种非法利益等目的，利用网络协

议、服务器和操作系统的安全漏洞以及管理上的疏漏非法访问资源、删改数据、破坏系统。

（2）数据泄露。校园网上运行各种数据库系统，如教学管理系统、学籍管理系统、校园卡管理系统、招生管理系统等。由于安全措施不当，使这些数据库的口令被泄露，数据被非法取出和复制，造成信息的泄露，严重时可导致数据被非法删改。

（3）病毒攻击。计算机病毒程序有着巨大的破坏性，其危害已被人们所认识。尤其是通过网络传播的病毒，无论是在传播速度，破坏性和传播范围等方面都是单机病毒所不能比拟的。如当今最流行的蠕虫病毒，通过电子邮件、网络共享或主动扫描等方式从客户端感染校园网的 Web 服务器，改变网页的目录以繁衍自身，并通过发送垃圾邮件和扫描网络，导致网络的“拒绝服务”，严重时会造成网络瘫痪。因此，计算机病毒也是网络安全的主要威胁。

（4）管理欠缺。校园网上的安全威胁也来自管理意识的欠缺。管理机构的不健全、管理制度的不完善和管理技术的不先进等也会使校园网面临威胁。

2. 采用技术手段安全使用校园网

针对校园网络系统的安全威胁，在校园网管理中心必须建立整体、卓有成效的安全策略。尤其是在访问控制的管理与技术方面需要制定相应的策略，以保护系统内的各种资源不遭到自然与人为的破坏，维护校园网的安全。

1）身份验证

身份验证技术用于判断对象身份的真实性，是校园网上信息安全的第一道屏障。除校园卡外，校园网上的身份验证技术主要是口令机制，如各种开机口令、登录口令、共享权限口令等。对这些口令的保护，除建立严格的保密以外，口令的设置方法非常重要。一般而言，安全的口令有以下特点：系统用户至少要用6位字符的口令；大小写字母混合，把数字无序地插在字母中；口令中包含“~！#￥% *？{}”等符号；不使用英语单词，不使用个人信息（如生日、姓名等）；不在不同系统上使用同一口令。尽管Internet上存在众多口令攻击器，它们能将口令破译出来，但是一个合理的口令机制可使自己遭受黑客攻击的风险降到一定限度之内。系统管理员也可定期运行这些破解口令的工具，尝试破译自己的口令，若被破译，说明该口令过于简单或有规律可循，应及时更正。

2）设置防火墙

防火墙是设置在不同网络之间的一系列软硬件的组合，它在校园网与Internet之间执行访问控制策略，决定哪些内部站点允许外界访问和允许访问外界，从而保护内部网免受非法用户的入侵。它是保护校园网的又一道屏障。防火墙有三种基本类型：IP数据过滤、应用层网关和电路层网关。防火墙有各种各样的配置方法。其配置将依赖站点的特殊安全策略、预算以及全面规划等。IP数据包过滤防火墙是必需的，尤其是使用静态IP地址的校园网。过滤防火墙通常存在于多端口的路由器上，通常配置其中的访问控制列表（ACL）可以决定是否转发或丢弃来自外部的数据包。在原有的网络上增加这样的防火墙几乎不需要任何额外的费用，而且它逻辑简单，易于安装和使用，这对资金力量较为薄弱的学校而言更为合适。应用层防火墙是可选的。这种防火墙是在网络应用层上建立协议过滤和转发功能。

典型的应用层防火墙是各种应用代理，这种代理服务使网络的内外部之间不会有直接的IP报文交换，所有应用的数据均由防火墙进行过滤和转发。因此，应用层防火墙能够让网络管理员对服务进行全面的控制。但是，它的最大缺点是要求在访问代理服务的每个系统上安装特殊的用户端软件，这样既限制了新应用的引入，又影响了效率，而且当该防火墙不能再工作时，对应的网络服务也就不存在了。因此，网络管理员要在机构安全需要和系统的易用性方面做出平衡。对于专线接入 Internet 的校园网不要允许网上的机器通过 Modem 直接接入外部网。因为“堡垒最容易从内部被攻破”。如果有校园网用户下载一个包含恶意代码的程序在本地运行，就很可能泄密敏感信息，或对系统进行破坏。必须明确，防火墙不是解决所有网络安全问题的灵丹妙药，比如，它不能抵御来自来自校园网内部的攻击。因此，不能认为建立了防火墙便万事大吉，它只能是网络安全策略的一部分，只能解决网络安全的部分问题，任何时候都不能放松警惕。

3）文件和服务的共享访问

校园网上的服务器操作系统一般为 Windows NT 和 Unix，它们都能使用服务和文件共享功能。网络管理员常使用共享服务使数据访问更加方便，但黑客常常利用这一点通过安装后门程序，在用户启动系统时作为共享服务进行注册，然后这些共享服务可以从任何一台拥有“作为服务登录”权利的客户上运行，从而破坏系统。文件共享给网络带来了另一个潜在的安全漏洞，因为如果配置不当，就可能使任何一个能够与你的网络连接的人都可以全面访问你的系统文件。因此，对于文件与服务的共享访问机制必须制定相应的安全策略。应做到：①限制端口访问。为了防止未经授权通过网络服务进行的访问，要限制所有并非绝对必要的服务端口，从而使暴露减少到最低限度。比如，除非你的计算机需要新闻组访问，否则，网络新闻传输协议的端口 119 就应该被关闭。②不允许一般用户在服务器上拥有除读/执行以外的权限。这一点对校园网安全特别重要。③最好的防御手段依然是保持应有的警惕，不要不分青红皂白地共享文件。当你没有其他选择时，一定要只共享那些绝对必需的文件。

4）封锁系统安全漏洞

黑客之所以得以非法访问系统资源和数据，很多情况下是因为操作系统和各种应用软件的设计漏洞或者管理上的漏洞所致。统计数据显示，80% 以上的成功入侵之所以发生，是因为 Web 技术人员没有安装已知及公开故障的修补程序。因此，在制定访问控制策略时，不要忘记封锁系统安全漏洞。目前，Internet 中的一些重要的网络都建立了计算机紧急响应工作组，如中国教育和科研网的紧急响应组，在发现新病毒或因系统安全漏洞威胁网络安全时，会及时向用户发出安全通告，并提供各种补丁程序以便下载。许多应用软件也在不断更新版本以修正错误或完善功能。对于校园网管理人员而言，只需注意跟踪此类信息，及时下载和安装各种补丁程序，升级程序就能对保护网络和信息系统的安全起到很大作用。

从理论上讲，一个校园网络系统越安全越好，但是绝对安全可靠的系统并不存在。一个所谓的安全系统实际上是使入侵者为了闯入而不得不花费很多的时间与金钱，并且将承受很高的风险。因此，校园网络访问控制体系策略的制定要针对网络的实际情况（被保护信息的价值、被攻击的危险性、可投入的资金等），具体地对各种安全措施进行取舍。可以说，这是在一定条件下的成本和效率的平衡，其目标是使系统的性能比达到一个合理的水平。

第三章

校外常见事故

第一节　道路交通安全

一、交通安全常识

1. 交通灯的辨识

1）什么是交通灯

在繁忙的十字路口，四面或中心岗台上都悬挂着红、黄、绿三盏交通信号灯。车辆驾驶员和行人，就是从这三盏灯的灯色变化中获得能否通行和如何通行的信息，从而保证路口的交通畅通和安全。随着现代化科学技术在交通管理上的应用，交通信号灯正在逐步摒弃人工操作的方式，而采取电脑控制。这就是人们说的“自动信号灯”，俗称“自动红绿灯”。

红绿灯其实是由红、黄、绿三种灯组成的，它分为“车辆信号灯”和“行人信号灯”两种。“车辆信号灯”通过红、黄、绿三色灯的五种变化来指挥车辆行进、停止；“行人信号灯”通过红、绿两色灯的三种变化来指挥行人横过车行道。车辆信号灯红灯亮时，禁止车辆通行，右转弯的车辆在不妨碍行人和其他车辆正常通行的情况下允许通行。车辆信号灯绿灯亮时，准许车辆通行，转弯调头车辆在不妨碍直行车辆和行人通行的情况下也允许通行。车辆信号灯绿灯闪烁时，表示信号灯即将转换成黄灯，这时已接近路口“停止线”或人行横道线的车辆可以继续通过路口，离停止线、人行横道线较远的车辆应减速慢行。车辆信号灯黄灯亮时，各种车辆须停在路口停止线和人行横道线以内，已经超过停止线和横道线的车辆可以继续通行。车辆信号灯黄灯闪烁，是一种警告车辆注意安全的信号，车辆经过路口应注意来往车辆、行人，小心通行。行人信号灯红灯灯亮时，禁止行人横过马路，行人必须在人行道上等候。行人信号灯绿灯亮时，准许行人从人行横道内通过。行人信号灯绿灯闪烁时，不准行人再进入人行横道；已经在人行横道内的行人应加快步伐安全通过。

交通信号灯是交通管理的重要设施之一。遵守信号规定，服从信号指挥，是驾驶员、骑车人和行人必须做到的最基本的交通行为规范。随意闯越“红灯”，遇停止信号超越停止线或乱穿马路，都是违反交通法规的不良行为，必须坚决制止。

2）指挥灯信号的含义

（1）绿灯亮时，准许车辆、行人通行；

（2）红灯亮时，不准车辆、行人通行；

（3）黄灯亮时，不准车辆、行人通行，但已超过停止线的车辆和已经进入人行横道的行人，可以继续通行；

（4）黄灯闪烁时，车辆、行人须在确保安全的原则下通行。

行人必须遵守下列规定：

（1）须在人行道内行走，没有人行道的，须靠边行走；

（2）横过车行道，须走人行横道；

（3）不准穿越、倚坐道口护栏；

（4）不准在道上扒车、追车、强行拦车或抛物击车；

（5）列队通过道路时，每横列不准超过 2 人，儿童队列须在人行道上行进。

2. 隔离设施的作用

1）什么是隔离设施

设置在道路上，用来分隔行人和车辆、车辆与车辆的物体，统称为“交通隔离设施”。这是公安交通管理机关为实行“分道行驶、各行其道”的通行原则而采取的一种带有强制性的措施。

交通隔离设施主要有行人护栏和车行道隔离墩两种。人行道护栏安装在人行道外侧与非机动车道相接界处，用来保护行人在人行道上行走的安全，同时也可以防止行人走入车行道，或随便横穿道路。车行道隔离墩安装在车行道上。用来分隔非机动车与机动车通行的，设置在机动车道与非机动车道的称隔离墩；用来分隔来与往的机动车，设立在机动车道中间的称中心隔离墩。道路上的隔离设施好比是一座座墙、一条条“分界线”，车辆与行人是不能随便逾越的。任意钻越和跨越隔离设施是一种违反交通法规的行为，必须坚决予以制止。作为一个守秩序、讲文明的人，应该按照“行人走人行道，过马路走横道线”和“骑自行车走非机动车道”的规定，严格“分道通行”，养成良好的交通习惯。

2）横穿马路应注意的事项

上学、放学和外出活动，我们几乎天天要在道路上行走。走路要保证安全，这里面的学问很多。有不少行人，因为没有掌握好安全横过道路的要领，结果丧身汽车车轮下。横过道路时，要选择有人行横道的地方，这是行人享有“先行权”的安全地带。在这个地带，机动车的行驶速度一般都要减慢，驾驶员也比较注意行人的动态。在没画人行横道的地方横过道路，要特别注意避让来往的车辆。避让车辆最简单的方法是：先看左边是否有来车，没有来车才走入车行道；再看右边是否有来车，没有来车时就可以安全横过道路了。横过道路不走人行横道，随便乱穿，或者在汽车已经临近时急匆匆过道路，都是十分危险的举动。因此，横穿马路时应特别注意安全。应该做到：

（1）穿越马路，要听从交通民警的指挥；要遵守交通规则，做到“绿灯行，红灯停”。

（2）穿越马路，要走人行横道线；在有过街天桥和地下通道的路段，应自觉走过街天桥和地下通道。

（3）穿越马路时，要走直线，不可迂回穿行；在没有人行横道的路段，应先看左边，再看右边，在确认没有机动车通过时才可以穿越马路。

（4）不要翻越道路中央的安全护栏和隔离墩。

（5）不要突然横穿马路，特别是马路对面有熟人、朋友呼唤，或者自己要乘坐的公共汽车已经进站，千万不能贸然行事，以免发生意外。

3）避让转弯车辆

当汽车的方向灯一闪一闪时，即告诫人们汽车要转弯了，此时应该注意避让转弯车辆。现代汽车的转向都是依靠前轮来转向的，随着前轮的转动，汽车车身也逐渐改变方向。汽车转弯时所占用的空间往往大于车辆固有的宽度。前轮行驶的轨迹不与后轮的轨迹重合，也就是说，前后两只轮子不会走在同一条弧线上，而是有一定距离差别的。这就是汽车转弯的“内轮差”。由于这种“内轮差”，当汽车转弯时，前轮可以通过道路的某一物体，而后轮却不能通过。懂得了汽车转弯的基本原理后，我们在道路上碰见转弯的车辆时，就不能靠车辆太近，不要以为汽车的车头可以过去就没事了，如果你离转弯汽车太近，就很可能被车尾撞倒。

4）集体外出

上学、放学、春游、秋游和开展其他集体外出活动时，队伍应该怎样排列？应该怎样走路？横过车行道时应注意些什么？集体外出，要有教师带领。在没有教师带领的情况下，要推选一位“路队长”来管理队伍；外出时要整好队，横列不宜超过二人；行进时，应靠右侧走在人行道上，不能走入车行道。队员应遵守纪律，不能随便离队；不能相互追逐打闹；不能三五成群地并肩行走或在交通拥挤的地方聚集、停留，以免影响他人通行。队伍横过车行道时，应走人行横道。在有信号灯的地方，要在绿灯亮时通行。在没有人行横道的地方横过车行道，要在暂没有来车时抓紧时间通过。如果来往车辆较多，应在人行道上或路边耐心等候；不要随便乱穿，更不要在车辆临近时急穿。

3．乘车安全

乘坐公共车辆，应该遵守公共秩序，讲究社会公德，注意交通安全。候车时，应依次排队，站在道路边或站台上等候，不应拥挤在车行道上，更不准站在道路中间拦车。上车时，应等汽车靠站停稳，先让车上的乘客下完车，再按次序上车，不能争先恐后。上车后，应主动买票，主动让座给老人、病人、残疾人、孕妇或怀抱婴儿的乘客。车辆行驶时，要拉住扶手，头、手不能伸出车窗外，以免被对面来车或路边树木等刮伤。下车时，要依次而行，不要硬推硬挤。下车后，应随即走上人行道。需要横过车行道的，应从人行道内通过；千万不能在车前车尾急穿，这样很不安全。不要把汽油、爆竹等易燃易爆的危险品带入车内。乘车时，不要向车窗外乱扔杂物，以免伤及他人。乘车时要坐稳扶好，没有座位时，要双脚自然分开，侧向站立，手应握紧扶手，以免车辆紧急刹车时摔倒受伤。乘坐小轿车、微型客车时，在前排乘坐时应系好安全带。尽量避免乘坐卡车、拖拉机；必须乘坐时，千万不要站立在后车厢里或坐在车厢板上。

4．骑自行车注意事项

我国是世界上拥有自行车最多的国家，是世界公认的“自行车王国”。自行车轻巧灵活，车速自便，维修简单，并且不使用燃料，无废气污染，无噪声，因此特别受人青睐。但是，自行车靠骑车人用双脚踩动踏板，由链条来带动后轮向前滚动，在行进时要用双手握住车把来掌握重心及控制方向，所以稳定性和安全性差，通常一碰即倒，一倒人就伤。从保证交通安全出发，《中华人民共和国道路交通管理条例》明文规定，未满十二周岁的儿童不准在道路上骑自行车。当你已经达到法定的骑车年龄，准备骑车时，则必须认真学一学有关骑自行车的规定，要掌握骑自行车的基本要领。

自行车首先应该保持机件完好，安全设施齐全，牌、证齐全。出发之前，应该先检查一下铃、锁、刹车、车轮、踏脚、链条、撑脚、坐垫等是否完好有效。学骑自行车时，应选择人车稀少的道路或广场、操场，禁止在交通繁忙地段学骑自行车。当你已经掌握骑车技术，可以单独骑车时，你还应该掌握以下几条骑车规范：一是在非机动车车道内顺序行驶，严禁驶入机动车道。在没有划分非机动车道和机动车道的道路上行驶，应尽量靠右边行驶，不能骑行在道路中间，不要数车并行，逆向行驶。二是骑车至路口，应主动让机动车先行。遇红灯停止信号时，应停在停止线或人行横道线以内。严禁用推行或绕行的方法闯越红灯。三是骑车转弯时，要伸手示意。左转弯时伸出左手示意；同时要选择前后暂无来往车辆时转弯，切不可在机动车驶近时急转猛拐，争道抢行；也不要转小弯。四是自行车在道路上停放，应按交通标志指定的地点和范围有秩序地停放；在不设置交通标志的支路上停放也不要影响车辆、行人的正常通行。五是骑自行车载物，长度不能超过车身，宽度不能超出车把宽度，高度不能超过骑车人的双肩。骑自行车在市区道路上不准带人。六是骑自行车不准在道路上互相追逐、曲折竞驶、扶身并行。七是不准一手扶把，一手撑伞骑车。撑伞时，要下车推行。骑车时不攀扶机动车辆，不载过重的东西，不骑车带人，不在骑车时戴耳机听广播。八是学习、掌握基本的交通规则知识。

在雨雪天气里骑自行车，还应该注意以下几点：

（1）骑车途中遇雨，不要为了免遭雨淋而埋头猛骑。

（2）雨天骑车时，最好穿雨衣、雨披，不要一手持伞，一手扶把骑行。

（3）雪天骑车时，自行车轮胎不要充气太足，这样可以增加与地面摩擦，不易滑倒。

（4）雪天骑车时，要选择无冰冻、雪层浅的平坦路面。不要猛捏车闸，不急拐弯，拐弯的角度也应尽量大些。

（5）雪天骑车时，应与前面的车辆、行人保持较大的距离。

（6）雨雪天气，道路泥泞湿滑，骑车要精力更加集中，随时准备应付突发情况，骑行的速度要比正常天气时慢些。

道路是为了交通的便利而建造的。道路上车辆川流不息，交通十分繁忙，如果我们随意在道路上玩耍、游戏、追逐，把它当做“游戏场”，放学以后在道路拉开“场子”踢足球、打羽毛球，既妨碍车辆的通行又会被车辆撞伤，是不允许的。在人行道上跳“橡皮筋”、跳绳、踢毽子，会给行人的通行带来困难，妨碍交通。在道路上追追打打，在车前车后乱穿，甚至相互扔石子，这就更容易出事故。另外，一些同学因为不懂得在道路上玩耍的危害性，甚至在道路中间拦车、追车、扒车和向汽车投掷石块，以此为乐，这是最最危险的举动，一旦被车撞倒，后果将不堪设想。

二、水上交通安全

1. 水上交通安全常识

人们外出旅行，会有很多机会乘船，船在水中航行，本身就存在遇到风浪等危险，所以乘船旅行的安全十分重要。

（1）不乘坐冒险航行的船舶。为了保证航运安全，凡符合安全要求的船只，有关管理部门都发有安全合格证书。外出旅行，不要乘坐无证船只。

（2）不乘坐客船、客渡船以外的船舶。

（3）不乘坐超载船舶或人货混装的船舶。

（4）不乘坐超载的船只，这样的船安全没有保证。

（5）上下船要排队按次序进行，不得拥挤、争抢，以免造成挤伤、落水等事故。

（6）天气恶劣时，如遇大风、大浪、浓雾等，应尽量避免乘船。

（7）不在船头、甲板等地打闹、追逐，以防落水。不拥挤在船的一侧，以防船体倾斜，发生事故。

（8）船上的许多设备都与保证安全有关，不要乱动，以免影响正常航行。

（9）夜间航行时，不要用手电筒向水面、岸边乱照，以免引起误会或使驾驶员产生错觉而发生危险。

（10）一旦发生意外，要保持镇静，听从有关人员指挥。

（11）集体乘船应注意：要有老师带队指挥，上下船要排成队，不得打闹、走动；要听从船上工作人员的指挥，维护好船上秩序。

2. 海上遇险时的应对措施

（1）服从船长或其他工作人员的指挥，安全撤离。

（2）救生衣的绳带必须扎紧系牢，以免在海浪中被冲走。

（3）在弃船跳水后，如自己水性不是很好，要注意尽量不要从他人的面前游过，避免被不会游泳的人抓住不放而耽误自救。

（4）跳水时应迎着风向跳，防止下水后受到漂浮物的撞击；双臂交叠在胸前，压住救生衣，双手捂住口鼻，防止呛水；眼睛看前方，双腿并拢伸直，脚先下水。

（5）寻求救援或呼救。拍击水面发出声音可以引起救援人员的注意。

（6）不要从船上直接跳上皮筏，以免损坏皮筏。

（7）蜷缩身体保持体温，或用某些物品（比如帆布）包裹身体；大家拥在一起也可保持体温。

（8）为了节省体力，落水后最好脱掉沉重的鞋子，扔掉口袋里沉重的东西。

三、铁路交通安全

1. 道轨安全常识

（1）不要在道轨上行走、坐卧或玩耍，不要在铁路两边放牧。

（2）不要扒停在道轨上的列车，不要在车下钻来钻去。

（3）不要在铁轨上摆放石块、木块等物品。

（4）不可擅动扳道、信号等设施，不可拧动铁轨上的螺丝。

（5）不得翻越护栏，横穿铁路。

（6）铁路桥梁和铁路隧道禁止行人通行。

（7）车辆不能从没有道口或其他平面交叉设施的铁路道轨上穿越。

2. 经过铁路道口时的注意事项

（1）行人和车辆在铁路道口、人行过道及平过道处，发现或听到有火车开来时，应立即躲避到距离铁路钢轨 2 米以外处。严禁停留在铁路上；严禁抢行越过铁路。

（2）车辆和行人通过铁路道口，必须听从道口看守人员和道口安全管理人员的指挥。

（3）凡遇到道口栏杆关闭、音响器发出报警、道口信号显示红色灯光或道口看守人员示意火车即将通过时，车辆、行人严禁抢行，必须依次停在停止线以外，没有停止线的，停在距最外股钢轨 5 米以外，不得影响道口栏杆的关闭，不得撞、钻、爬越道口栏杆。

（4）设有信号机的铁路道口，两个红灯交替闪烁或红灯稳定亮时，表示火车接近道口，禁止车辆、行人通行。

（5）红灯熄白灯亮时，表示道口开通，准许车辆、行人通过。

（6）遇有道口信号红灯和白灯同时熄灭时，须停车和止步瞭望，确认安全后再通过。

（7）车辆、行人通过设有道口信号机的无人看守道口及人行过道时，必须停车或止步瞭望，确认两端无列车开来时，方可通行。

（8）通过电气化铁路道口时，车辆及其装载物不得触动限界架活动板或吊链；载物高度超过两米的货物上不准坐人；行人手持高长物件时不准高举。

3. **乘坐火车时的安全常识**

（1）候车时要站在安全白线内，等火车停稳了再排队上车。因为火车的速度很快，进站时带起的风很容易把人卷入站台下。

（2）进站上车，应该通过天桥或地道，不能穿行铁道，更不能钻爬火车。

（3）上火车时不要翻爬车窗进入车厢，以免车窗滑落砸伤自己。

（4）进入车厢后，要赶快找位置坐下，不要在车厢内穿行打闹；同时要听清楚列车广播报的站名和时间，避免下错站。

（5）当火车开动时，不要跟送行的人握手或递东西，注意把自己的行李物品放稳放好。

（6）不要到车厢连接处玩耍，那里很容易发生被连接板夹伤、挤伤的事故。

（7）列车行进中，千万不要把手、脚、头伸出窗外，以免被车窗卡住或被外面的东西撞伤。

（8）在列车上打开水，不要灌得太满，以防发生烫伤。

（9）使用后的废弃物，不要随手扔到车窗外，这样既不讲公共道德，又容易砸伤铁路两旁的行人。

（10）火车中途停站，在下车购买东西或散步时不要忘了开车时间而发生漏乘。

（11）火车到站后，不要急于下车，要仔细清点自己所带的物品，等火车停稳后再有秩序地下车，不能从车门、窗户跳车。

（12）在卧铺上睡觉时，应将头朝过道，这样既安全又能呼吸到新鲜空气。不要让头朝窗睡，因为车轮的震波和噪声有碍于大脑保健。另外，如果遇到紧急刹车引起剧烈颠簸，头会被碰伤。

（13）睡在中、上铺的乘客，注意将车上的安全皮带挂好，防止睡觉时掉下来摔伤。

（14）现在许多火车都改为封闭式旅游列车。这种火车易燃，而且一旦着火则无法扑救，瞬间一节车厢就可能化为灰烬。因此，千万不要在列车上玩火，更不要携带易燃易爆物品上车。

（15）不要在铁轨上逗留、游逛、捡拾煤渣、酒瓶等杂物。

（16）不要在铁路路基上行走、乘凉或坐卧铁轨。

（17）不要钻车、扒车、跳车。

（18）不攀登电气化铁路上的接触网支柱和铁塔，以防触电。

（19）过铁道时，若遇红灯亮或看守人员示意停止行进，须依次停在安全线或栏杆以外。

（20）通过无人看守的通口时，须止步观望，在确认没有列车即将通过后才能通过。

4．发生火车事故后的应对措施

如果火车发生相撞事故，火车会脱轨翻车，车内的人与座位、车壁剧烈撞击，玻璃、金属片、行李等会像子弹一样猛飞出去，往往导致许多人伤亡。因此，乘坐火车时，只要感到有一点异常，就要迅速做好防御准备。

（1）脸朝行车方向坐的人要马上抱头曲肘俯到对面的坐垫上，护住脸部；或者马上抱住头部朝侧面蹲下。

（2）背朝行车方向的人，应该马上用双手抱住后脑部，同时屈身抬膝护住胸、腹部。

（3）在通道内坐着或站着的人，如果车内拥挤，要马上蹲下去，在人群中用双手抱住后脑部；如果车内不拥挤，应该双脚朝着行车方向，两手护住后脑部，屈身躺在地板上，用膝盖护住腹部，用脚蹬住椅子和车壁。

（4）在厕所里，应背靠行车方向的车壁坐在地板上，双手抱头，屈身抬膝护住腹部。

（5）在发生事故后离车避难时，要避免接触电线。

（6）火车出轨后仍行驶时，不要跳车，否则身体会以全部冲力撞向路轨。

（7）火车停下后，如果条件允许，要在原地等待救援人员；如果环境闭塞，要与周围的人共同设法将遇险的信息传递出去。

（8）如果车厢内发生火灾，不要乱跑乱挤，要马上向工作人员报告，积极参与灭火。

四、校车安全

校车是学校接送老师和学生的专用交通工具，关系到师生的人身安全和学校正常的教育教学秩序，因此，乘坐校车时应注意以下几点：

（1）乘车时到学校指定的地点候车，要听从跟车老师和校车司机的安排。

（2）最好不坐在司机旁边的副驾驶座位上，其实这个位置是最危险的地方，一旦发生意外很容易受到伤害。乘车时不要将身体的任何部位伸出车外，因为这样容易被过往的车辆碰到。

（3）校车未停稳时不要着急上下车。一定要等司机把车停放在安全的地方，然后在跟车老师的引领下有序地上下车，不要拥堵。

（4）乘坐校车时不要离开自己的座位，否则遇到急刹车时有可能会摔倒甚至被甩出去。校车行驶过程中严禁打闹，校车在拐弯、刹车的情况下，惯性的作用非常大，要注意发生意外伤害。

（5）切记要系好安全带。刹车的时候，由于惯性的作用人更容易向前倾倒碰撞，因此，乘车时一定要记得系好安全带。

（6）不要在校车行驶过程中吃东西或喝饮料。避免行车中的颠簸和急刹车造成食物或饮料误入呼吸道，小朋友可能因为气管异物造成窒息甚至死亡。

（7）在乘车时千万不要随意按动车上的任何按钮或者打开车窗。

（8）下车后要及时回家，不在路途中逗留，未经家长允许，不得以任何理由在外借宿。

第二节　游泳安全常识

溺水是指大量水液被吸入肺内，引起人体缺氧窒息的危急病症。溺水多发生于夏季，常发生在游泳场所、海边、江河、湖泊、池塘等处。溺水者面色青紫肿胀，眼球结膜充血，口鼻内充满泡沫、泥沙等杂物。部分溺水者可因大量喝水入胃，出现上腹部膨胀。溺水可造成溺水者四肢发凉、意识丧失，重者因心跳、呼吸停止而死亡。

一、游泳时的安全措施

下列情况下不宜游泳：

（1）单身一个人不能外出游泳。没有同伴，单身一个人去游泳，最容易出问题。学生游泳应该有家长或成年人陪同，否则，禁止外出游泳。

（2）身体患病者不要去游泳。中耳炎、心脏病等慢性疾病患者及感冒、发热、精神疲倦、身体无力者都不能去游泳。

（3）参加强体力劳动或剧烈运动后，不能立即跳进水中游泳。尤其是在满身大汗、浑身发热的情况下，不可以立即下水，否则易引起抽筋、感冒或意外。

（4）被污染了的河流、水库、有急流处、两条河流汇合处以及落差较大的河流湖泊，均不宜游泳。一般来说，凡是水况不明的江河湖泊、山塘水库都不宜游泳。

（5）恶劣天气如雷雨、刮风、天气突变等情况下，也不宜游泳。

二、游泳时的注意事项

游泳是一项十分有益的活动，同时也存在着危险。要保证安全，应该做到：

（1）忌饭前饭后游泳。空腹游泳会影响食欲和消化功能，也会在游泳中发生头昏乏力等意外情况；饱腹游泳亦会影响消化功能，还会产生胃痉挛，甚至呕吐、腹痛现象。

（2）忌剧烈运动后游泳。剧烈运动后马上游泳，会使心脏加重负担；体温急剧下降后会使抵抗力减弱，引起感冒、咽喉炎等。

（3）忌月经期游泳。月经期间游泳，病菌易进入子宫、输卵管等处，引起感染，导致月经不调、经量过多、经期延长。

（4）忌在不熟悉的水域游泳。在天然水域游泳时，切忌贸然下水。凡水域周围和水下情况复杂的都不宜下水游泳，以免发生意外。

（5）忌长时间曝晒游泳。长时间曝晒会产生晒斑，或引起急性皮炎，亦称日光灼伤。为防止晒斑的发生，上岸后最好用伞遮阳，或到有树荫的地方休息，或用浴巾在身上保护皮肤，或在身体裸露处涂防晒霜。

（6）忌不做准备活动即游泳。水温通常总比体温低，因此，下水前必须做准备活动，否则易导致身体不适感。

（7）忌游泳后马上进食。游泳后宜休息片刻再进食，否则会突然增加胃肠的负担，久之容易引起胃肠道疾病。

（8）忌游时过久。皮肤对寒冷刺激一般有三个反应期。第一期：入水后，受冷的刺激，皮肤血管收缩，肤色呈苍白。第二期：在水中停留一定时间后，体表血流扩张，皮肤由苍白转呈浅红色，肤体由冷转暖。第三期：停留过久，体温散热大于发热，皮肤出现鸡皮疙瘩和寒战现象。这是夏游的禁忌期，应及时出水。游泳持续时间一般不应超过1.5 ~2小时。

（9）忌有癫痫史游泳。无论是大发作型或小发作型，在发作时有一瞬间意识失控，如果在游泳中突然诱发，就难免出现“灭顶之灾”。

（10）忌心脏病者游泳。对于先天性心脏病、严重冠心病、风湿性瓣膜病、较严重心律失常等患者，对游泳应“敬而远之”。

（11）忌患中耳炎游泳。不论是慢性还是急性中耳炎，因水进入发炎的中耳，等于“雪上加霜”，使病情加重，甚至可使颅内感染等。

（12）忌患急性眼结膜炎游泳。急性眼结膜炎病毒在游泳池里传染速度之快、范围之广令人吃惊，在该病流行季节即使是健康人，也应避免到游泳池内游泳。

（13）忌某些皮肤病游泳。如各个类型的癣、过敏性的皮肤病等，不仅会诱发荨麻疹、接触皮炎，而且会加重病情。

（14）忌忽视泳后卫生。游泳后，应立即用软质干巾擦去身上水垢，滴上氯霉或硼酸眼药水，擤出鼻腔分泌物。如果耳部进水，可采用“同侧跳”将水排出。之后，再做几节放松体操及肢体按摩，或在日光下小憩15 ~20分钟，以避免肌群僵化和疲劳。

三、怎样防止溺水的发生

游泳是广大青少年喜爱的体育锻炼项目之一。然而，不做好准备、缺少安全防范意识，遇到意外时慌张、不能沉着自救，极易发生溺水伤亡事故。为了确保游泳安全，防止溺水事故的发生，必须做到以下几点：

（1）不要独自一人外出游泳，更不要到不摸底和不知水情或比较危险且宜发生溺水伤亡事故的地方去游泳。选择好的游泳场所，对场所的环境，如该水库、浴场是否卫生，水下是否平坦，有无暗礁、暗流、杂草，以及水域的深浅等情况要了解清楚。

（2）必须要有组织并在老师或熟悉水性的人的带领下去游泳，以便互相照顾。如果集体组织外出游泳，下水前后都要清点人数并指定救生员做安全保护。

（3）要清楚自己的身体健康状况，平时四肢就容易抽筋者不宜参加游泳或不要到深水区游泳。要做好下水前的准备，先活动活动身体，如水温太低应先在浅水处用水淋洗身体，待适应水温后再下水游泳；镶有假牙的同学，应将假牙取下，以防呛水时假牙落入食管或气管。

（4）对自己的水性要有自知之明。下水后不能逞能，不要贸然跳水和潜泳，更不能互相打闹，以免喝水和溺水。不要在急流和旋涡处游泳，更不要酒后游泳。

（5）在游泳中如果突然觉得身体不舒服，如眩晕、恶心、心慌、气短等，要立即上岸休息或呼救。

（6）在游泳中，若小腿或脚部抽筋，千万不要惊慌，可用力蹬腿或做跳跃动作，或用力按摩、拉扯抽筋部位，同时呼叫同伴救助。

（7）在游泳中遇到溺水事故时，现场急救刻不容缓，心肺复苏最为重要。将溺水者救上岸后，要立即清除其口腔、鼻咽腔的呕吐物和泥沙等杂物，保持呼吸通畅；应将其舌头拉出，以免后翻堵塞呼吸道；将溺水者的腹部垫高，使胸及头部下垂，或抱其双腿将腹部放在急救者肩部，做走动或跳动“倒水”动作。恢复溺水者呼吸是急救成败的关键，应立即进行人工呼吸，可采取口对口或口对鼻的人工呼吸方式，在急救的同时应迅速送往医院救治。

四、游泳遇险后的应对措施

游泳是一项全身发展的运动，以流体力学为主，加上身体在水中的协调能力、水感等多方面因素合成，使人能够像鱼儿一样，自由自在地在水中游动。游泳中常会遭遇到的意外是抽筋、疲乏、旋涡、急浪等。掌握一定的自我救护技术，可以排除险情或争取时间等待他人救护。游泳中遇到意外事故时，要沉着、冷静，按照一定的方法进行自我救护，实在不行时，发出呼救信号，以便及时得到同伴或救护员的帮助与救护。在下列情况下，可采用自我救护方法：

（1）水中抽筋自救法。抽筋的主要部位是小腿和大腿，有时手指、脚趾及胃部等部位也会发生。抽筋的原因主要是下水前没有做准备活动或准备活动不充分，身体各器官及肌肉组织没活动开，下水后突然做剧烈的蹬水和划水动作，或因水凉刺激肌肉突然收缩而出现抽筋。游泳时间长，过分疲劳及体力消耗过多，在肌体大量散热或精神紧张，游泳动作不协调等情况下也会出现抽筋。游泳时发生抽筋，千万不要惊慌，一定要保持镇静，停止游动，仰面浮于水面，并根据不同部位采取不同方法进行自救。若因水温过低而疲劳产生小腿抽筋，则可使身体成仰卧姿势。用手握住抽筋腿的脚趾，用力向上拉，使抽筋腿伸直，并用另一腿踩水，另一手划水，帮助身体上浮，这样连续多次即可恢复正常。两手抽筋时，应迅速握紧拳头，再用力伸直，反复多次，直至复原。如单手抽筋，除做上述动作外，可按摩合谷穴、内关穴和外关穴。如上腹部肌肉抽筋，可掐中脘穴（在脐上四寸），配合掐足三里穴，还可仰卧在水里，把双腿向腹壁弯收，再行伸直，重复几次。抽过筋后，改用另一种游泳姿势游回岸边。如果不得不仍用同一游泳姿势时，就要提防再次抽筋。

（2）水草缠身自救法。江、河、湖、泊近岸边或较浅的地方，一般常有杂草或淤泥，游泳者应尽量避免到这些地方去游泳。如果不幸被水草缠住或陷入淤泥怎么办？首先要镇静，切不可踩水或手脚乱动，否则就会使肢体被缠得更难解脱，或在淤泥中越陷越深。用仰泳方式（两腿伸直、用手掌倒划水）顺原路慢慢退回；或平卧水面，使两腿分开，用手解脱。如随身携带小刀，可把水草割断，不然试试把水草踢开，或像脱袜那样把水草从手脚上捋下来。自己无法摆脱时，应及时呼救。摆脱水草后，轻轻踢腿而游，并尽快离开水草丛生的地方。

（3）身陷旋涡自救法。河道突然放宽、收窄处和骤然曲折处，水底有突起的岩石等阻碍物，有凹陷的深潭，河床高低不平等地方，都会出现旋涡。山洪暴发、河水猛涨时，旋涡最多。海边也常有旋涡，要多加注意。有旋涡的地方，一般水面常有垃圾、树叶杂物在旋涡处打转，只要注意就可早发现，应尽量避免接近。如果已经接近，切勿踩水，应立刻平卧水面，沿着旋涡边，用爬泳快速地游过。因为旋涡边缘处吸引力较弱，不容易卷入面积较大的物体，所以身体必须平卧水面，切不可直立踩水或潜入水中。

（4）游进中的突然下沉。此危险常见于初学游泳者或泳技不高者。在游进当中会感觉身体突然没劲了，然后身体下沉。这种情况主要是对自身的体力估计不足，体力分配不均匀，体力消耗过大，自身没有觉察。遇到这种情况，一定要保持冷静，可在身体下沉时屏住呼吸，使体内肺部充满气体，片刻后身体会自然上浮，然后，划小蛙泳手（手部向下按压划水），蹬小蛙泳腿（主要以小腿，脚踝由内向外划圆），逐渐过渡到蛙泳。如果身边有水线等辅助设施，可借助休息一会儿再游。

（5）疲劳过度自救法。过度疲劳后游泳或游泳过度后，都容易造成抽筋或因体力不支而溺水。碰上这种情况怎么办呢？觉得寒冷或疲劳，应马上游回岸边。如果离岸甚远，或过度疲乏而不能立即回岸，就仰浮在水上以保留力气。举起一只手，要放松身体，让对方拯救。不要紧抱着拯救者不放。如果没有人来，就继续浮在水上，等到体力恢复后再游回岸边。

五、拯救溺水者的办法

溺水者往往张皇失措，会死命抓住一切能够得到的东西，包括拯救者。因此，只要有其他方法将溺水者拉到岸上，就不要下水去施救。当然，在万不得已且施救者有能力的前提下可下水施救。没有受过救生训练的施救者下水之前应该有思想准备，此时溺水者的本能反应，可能使施救力不从心，最终救人不成反而赔上性命。以下是一些下水施救的常识：下水前应准备一块结实且足够长的长条布、毛巾或救生圈；如果决定下水救人，尽量不要让溺水者缠上身。如在游向溺水者时，与溺水者正面相遇，必须立刻采用仰泳迅速后退；在溺水者抓不及处，将布条、毛巾或救生圈递过去，让溺水者抓住一头，自己抓住另一头拖着溺水者上岸；切记，勿让溺水者抓住你的身体或四肢。若溺水者试图向你靠近，立刻松手游开；如必须用手去救，且溺水者十分紧张，则应从其后背接近溺水者，从背后把溺水者牢牢抓住，抓住溺水者的下巴，使溺水者仰面并靠近自己的头，再用力用肘夹住溺水者的肩膀。安慰溺水者，尽量让溺水者情绪稳定；采取仰泳的方式将溺水者拖回岸；若溺水者不省人事，可用手抓住溺水者的下巴，游回岸边。

六、游泳时耳朵进水的解决办法

由于水有一定的张力，进入狭窄的外耳道后形成屏障而把外耳道分成两段，又由于水的重力作用，使水屏障与鼓膜之间产生副压，维持着水屏障两边压力的平衡，使水不易自动流出。有时外耳道内有较大的耵聍阻塞，则水进入耳道后更易包裹于耵聍周围而不易流出。耳内进水后会出现耳内闭闷、听力下降、头昏等现象，让人十分不舒服，因此人们往往非常迫切想把水排出来。有人甚至用不干净的夹子、火柴棒、小钥匙等掏耳，这样虽然可侥幸将水屏障掏破，使水流出，但也易损伤外耳道甚至鼓膜而导致耳部疾病。耳内进水后应及时将水排出，最常见的方法是：

（1）单足跳跃法：偏头并使患耳向下，然后单足跳跃，借用水的重力作用，使水向下从外耳道流出。

（2）活动外耳道法：可连续用手掌压迫耳屏或用手指牵拉耳郭；或反复地做张口动作，活动颞颌关节，均可使外耳道皮肤不断上下左右活动或改变水屏障稳定性和压力的平稳，使水向外从外耳道流出。

（3）外耳道清理法：用干净的细棉签轻轻探入外耳道，一旦接触到水屏障时即可把水吸出。由于游泳池或河水不干净，污水入耳后易引起外耳道皮肤及鼓膜感染，或耳内进水后处理不当，如不洁挖耳等，常可引起以下几种耳病：外耳道炎、外耳道疖肿、聍阻塞、鼓膜炎、化脓性中耳炎。如果耳内进水后出现以上症状，应暂时停止游泳，并去医院检查，对症治疗。

七、掉进冰窟窿的急救措施

在冰天雪地的冬季，滑冰时或在冰面上行走，万一冰面破裂，就有可能掉进冰窟之中。一旦发生这种情况，应当怎么办呢？

（1）不要惊慌，保持镇定，要大声呼救，争取他人相救。

（2）应当用脚踩冰，使身体尽量上浮，保持头部露出水面。

（3）不要乱扑乱打，这样会使冰面破裂加大。要镇静观察，寻找冰面较厚、裂纹小的地点脱险。此时，身体应尽量靠近冰面边缘，双手伏在冰面上，双足打水，使身体上浮，全身呈伏卧姿势。

（4）双臂向前伸张，增加全身接触冰面的面积，一点一点爬行，使身体逐渐远离冰窟。

（5）离开冰窟口，千万不要立即站立，要卧在冰面上，用滚动式爬行的方式到岸边再上岸，以防冰面再次破裂。

（6）年龄较小的同学发现有人遇险时不可贸然施救，应高声呼喊成年人相助。在紧急的情况下，救人的正确方法是将木棍、绳索等伸给落水者，自己趴在冰面上进行营救，要防止营救他人时冰面破裂致使自己落水。

第三节 户外活动时的安全措施

每年在适宜的季节，学校要组织学生外出郊游，以丰富学生的视野，开阔眼界，深入生活，了解社会。因此，学生有必要掌握一些校外活动常识，特别是安全方面的常识。

一、外出时的安全事项

（1）组织学生参加集体校外活动，一定要事先经学校负责人研究，做出周密计划，严格组织，并由学校负责人或教师带队。要事先派人勘查活动场地、环境。要建立大型集体外出活动报上级主管部门审批的制度。

（2）活动中如需使用交通工具，必须符合安全要求，不得超员运载，不得乘坐没有驾驶执照的人员驾驶的车、船。

（3）参加校外集体活动的场所、建筑物和各项设施必须坚固安全，出入道口畅通，场内消防设备齐全有效，放置得当。

（4）到游览区和游乐场所活动，一定要注意其合理容量。不要组织学生到超容量的地方或场所活动。

（5）学校组织学生参加勤工俭学和社会公益劳动，必须坚持安全、无毒、无害和力所能及的原则。要加强劳动组织，重视劳动保护，教育学生遵守劳动规则。

（6）组织学生参加有关单位举办的集体活动，必须有安全保障措施。在没有严密的组织工作和切实的安全措施的情况下，无论是何单位组织的活动，学校都可以拒绝参加。

（7）学生要有集体观念，自觉服从带队老师的管理。不能结伙拉帮小范围活动，更不能独自一人活动。吸烟喝酒是绝对禁止的。要注意饮食卫生，发现过期变质的食物，坚决不能食用。明确出游的目的，做好自己的计划，认真完成学校领导和老师布置的学习、考察任务。往返途中要注意集体乘车安全，不要拥挤，按顺序上下车，不违章超载。乘车期间头部和手不要伸出车体以外，以免会车时中剐伤。在车内不要大声喧哗、拥挤吵闹，做到文明乘车。

二、野外发生事故的应对措施

1. 食物中毒

在野外，食物中毒是很有可能发生的。如果刚吃下有毒食物不久，最快捷有效的办法就是呕吐，可将手指伸进喉咙，压迫喉咙强行呕吐；如吃下的时间较长，应服用吐泻药物将食物排出；中毒症状严重的要立刻送往医院。

2. 中暑

当学生中暑时，应立即到阴凉通风处，仰卧，将头部垫高，用冷毛巾进行冷敷；解开衣领，放松腰带，使呼吸顺畅；如体温过高，可用酒精擦拭额头、四肢及胸口，这样体温能迅速下降。如有条件，可喝一些清凉的饮料。

3. 叮咬伤

夏天，蚊蝇叮咬很普遍，学生要随身携带风油精、花露水、蚊不叮等药品，涂在身体裸露处，加以保护；如被其他蛇、蝎、蜂等咬伤，应立即用布条在伤口 2 ~ 3 厘米处扎紧，拔除毒刺，用力挤压伤口，使含有细菌、毒液的血液由伤口排出。之后，可用肥皂水或食盐水洗敷伤口，冷敷被刺蛰的部位，以消肿止疼。

4. 扭伤

扭伤最常见的部位是裸关节、手腕。当发生扭伤时，不能随便按摩，24 小时内不能热敷，应冷敷。扭伤后不要忍痛坚持行走，应立即送医院救治，以免加重病情。

5．外伤

在野外，如果受到外伤，要及时将伤口包扎起来，送医院处理。最好用消毒布或绷带，也可以用干净的毛巾、手帕代替。包扎前，最好对伤口进行消毒处理，可以用食盐水或干净的清水冲洗伤口。

三、参加社会实践时的安全问题

参加社会实践活动时要注意以下问题：

（1）参加社会实践活动，同学们将面对许多自己从未接触过的或不熟悉的事情，要保证安全，最重要的是遵守活动纪律，听从老师或有关管理人员的指挥，统一行动，不要各行其是。

（2）参加社会实践活动，要认真听取有关活动的注意事项，什么是必须做的，什么是可以做的，什么是不允许做的，不懂的地方要询问、了解清楚。

（3）参加劳动，同学们必然要接触、使用一些劳动工具、机械电器设备。在这个过程中，要仔细了解它们的特点、性能、操作要领，严格按照有关人员的示范，并在他们的指导下进行。

（4）对活动现场一些电闸、开关、按钮等，不随意触摸、拨弄，以免发生危险。

（5）注意在指定的区域内活动，不随意四处走动、游览，防止发生意外。

（6）防止落物伤害：

① 进入建筑施工现场，必须按规定道路行走，必须戴安全帽。

② 起重装卸、吊运物品的下面严禁站立、通行。

四、陌生地点辨别方向的方法

同学们独自外出到陌生的地方，可能会忘记或辨认不清来时的方向和路线而无法返回；和家人、同学等一起出行，也可能发生走失而迷路的情况。避免外出迷失方向及迷失方向后应采取的措施如下：

（1）平时应当注意准确地记住自己家庭所在的地区、街道、门牌号码、电话号码及父母的工作单位名称、地址、电话号码等，以便需要联系时能够及时联系。

（2）在城市迷了路，可以根据路标、路牌和公共汽（电）车的站牌辨认方向和路线，还可以向交通民警或治安巡逻民警求助。

（3）在农村迷了路，应当尽量向公路、村庄靠近，争取当地村民的帮助。如果是在夜间，则可以循着灯光、狗叫声、公路上汽车的马达声，寻找有人的地方求助。

（4）如果迷失了方向，要沉着镇静，开动脑筋想办法，不要瞎闯乱跑，以免造成体力的过度消耗和发生意外。

第四章

家庭常见意外事故与防范

第一节　食物中毒

一、食物中毒概述

1. 食物中毒的概念

食物中毒通常指吃了含有有毒物质或变质的肉类、水产品、蔬菜、植物或化学品后，感觉肠胃不舒服，出现恶心、呕吐、腹痛、腹泻等症状，共同进餐的人常常出现相同的症状。食物中毒可分为细菌性食物中毒、真菌性食物中毒和化学性食物中毒。

食物中毒的特点是潜伏期短、突然和集体暴发，多数表现为肠胃炎的症状，并和食用某种食物有明显关系。由细菌引起的食物中毒占绝大多数。由细菌引起的食物中毒的食品主要是动物性食品（如肉类、鱼类、奶类和蛋类等）和植物性食品（如剩饭、豆制品等）。食用有毒动植物也可引起中毒。如食入未经妥善加工的河豚可使末梢神经和中枢神经发生麻痹，最后因呼吸中枢和血管运动麻痹而死亡。一些含一定量硝酸盐的蔬菜，贮存过久或煮熟后放置时间太长，细菌大量繁殖会使硝酸盐变成亚硝酸盐，而亚硝酸盐进入人体后，可使血液中低铁血红蛋白氧化成高铁血红蛋白，失去输氧能力，造成组织缺氧。严重时，可因呼吸衰竭而死亡。发霉的大豆、花生、玉米中含有黄曲霉的代谢产物黄曲霉素，其毒性很大，它会损害肝脏，诱发肝癌，因此不能食用。食入一些化学物质如铅、汞、镉、氰化物及农药等化学毒品污染的食品可引起中毒。在食品中滥加营养素，对人体也有害，如在粮谷类缺少赖氨酸的食品中，加入适当的赖氨酸，能够改善营养价值，对人有利。但若添加过量，或在牛奶、豆浆等并不需添加赖氨酸的食品中添加，就可能扰乱氨基酸在人体内的代谢，甚至引起对肝脏的损害。预防食物中毒的主要办法是注意食品卫生，低温存放食物，食前严格消毒并彻底加热，不食有毒的、变质的动植物和经化学物品污染过的食品。

一经发现食物中毒的病人应及时送去医院诊治。

食物中毒的症状：

（1）由于没有个人与个人之间的传染过程，所以导致发病呈暴发性，潜伏期短，来势急剧，短时间内可能有多数人发病，发病曲线呈突然上升的趋势。

（2）中毒病人一般具有相似的临床症状。常常出现恶心、呕吐、腹痛、腹泻等消化道症状。

（3）发病与食物有关。患者在近期内都食用过同样的食物，发病范围局限在食用该类有毒食物的人群，停止食用该食物后发病很快停止，发病曲线在突然上升之后呈突然下降趋势。

（4）食物中毒病人对健康人不具有传染性。

2. 常见食物中毒的类型

1）细菌性食物中毒

细菌性食物中毒是指人们摄入含有细菌或细菌毒素的食品而引起的食物中毒。引起食物中毒的原因有很多，其中最主要、最常见的原因就是食物被细菌污染。我国近五年食物中毒统计资料表明，细菌性食物中毒占食物中毒总数的50%左右，而动物性食品是引起细菌性食物中毒的主要食品，其中肉类及熟肉制品居首位，其次有变质禽肉、病死畜肉以及鱼、奶、剩饭等。食物被细菌污染主要有以下几个原因：①禽畜在宰杀前就是病畜、病禽；②刀具、砧板及用具不洁，生熟交叉感染；③卫生状况差，蚊蝇滋生；④食品从业人员带菌污染食物。并不是人吃了细菌污染的食物就马上会发生食物中毒，细菌污染了食物并在食物上大量繁殖达到可致病的数量或繁殖产生致病的毒素，人吃了这种食物才会发生食物中毒。因此，发生食物中毒的另一主要原因就是贮存方式不当或在较高温度下存放较长时间。食品中的水分及营养条件使致病菌大量繁殖，如果食前彻底加热，杀死病原菌，则不会发生食物中毒。最后一个重要原因为食前未充分加热，未充分煮熟。细菌性食物中毒的发生与不同区域人群的饮食习惯有密切关系。美国多食肉、蛋和糕点，葡萄球菌食物中毒最多；日本喜食生鱼片，副溶血性弧菌食物中毒最多；我国食用畜禽肉、禽蛋类较多，多年来一直以沙门氏菌食物中毒居首位。引起细菌性食物中毒的始作俑者有沙门氏菌、葡萄球菌、大肠杆菌、肉毒杆菌、肝炎病毒等。这些细菌、病毒可直接生长于食物当中，也可经过食品操作人员的手或容器污染其他食物。当人们食用这些被污染过的食物，有害菌所产生的毒素就可引起中毒。每到夏天，各种微生物生长繁殖旺盛，食品中的细菌数量较多，加速了其腐败变质；加之人们贪凉，常食用未经充分加热的食物，所以夏季是细菌性食物中毒的高发季节。

2）真菌毒素中毒

真菌在谷物或其他食品中生长繁殖产生有毒的代谢产物，人和动物食入这种毒性物质发生的中毒，称为真菌性食物中毒。中毒发生主要通过被真菌污染的食品，用一般的烹调方法加热处理不能破坏食品中的真菌毒素。真菌生长繁殖及产生毒素需要一定的温度和湿度，因此中毒往往有比较明显的季节性和地区性。

3）动物性食物中毒

食入动物性中毒食品引起的食物中毒即为动物性食物中毒。动物性中毒食品主要有两种：一是将天然含有有毒成分的动物或动物的某一部分当做食品，误食引起中毒反应；二是在一定条件下产生了大量的有毒成分的可食的动物性食品，如食用鲐鱼等也可引起中毒。近年，我国发生的动物性食物中毒主要是河豚中毒，其次是鱼胆中毒。

4）植物性食物中毒

发芽土豆是常见的食物中毒因素。植物性食物中毒主要有三种：①将天然含有有毒成分的植物或其加工制品当做食品，如桐油、大麻油等引起的食物中毒；②在食品加工过程中，将未能破坏或除去有毒成分的植物当做食品食用，如木薯、苦杏仁等；③在一定条件下，不当食用大量有毒成分的植物性食品，食用鲜黄花菜、发芽马铃薯、未腌制好的咸菜或未烧熟的扁豆等造成中毒。植物性食物中毒一般因误食有毒植物或有毒的植物种子，或烹调加工方法不当，没有把植物中的有毒物质去掉而引起。最常见的植物性食物中毒为菜豆中毒、毒蘑菇中毒、木薯中毒；可引起死亡的有毒蘑菇、马铃薯、曼陀罗、银杏、苦杏仁、桐油等。植物性中毒多数没有特效疗法，对一些能引起死亡的严重中毒，尽早排除毒物对中毒者的治疗非常重要。

5）化学性食物中毒

食入化学性中毒食品引起的食物中毒即为化学性食物中毒。化学性食物中毒主要包括：①误食被有毒害的化学物质污染的食品；②因添加非食品级或伪造或禁止使用的食品添加剂、营养强化剂的食品，以及超量使用食品添加剂而导致的食物中毒；③因贮藏等原因，造成营养素发生化学变化的食品，如油脂酸败造成中毒。

化学性食物中毒的发病特点是：发病与进食时间、食用量有关。一般进食后不久发病，常有群体性，病人有相同的临床表现。通过检测剩余食品、呕吐物、血和尿等样品可测出有关化学毒物。在处理化学性食物中毒时应突出一个“快”字。及时处理不但对挽救病人的生命十分重要，同时对控制事态发展，特别是控制群体中毒和一时尚未明了的化学毒物中毒更为重要。

食物中毒的检查：为查找病原菌，应根据实际情况从多方面采集标本，如排泄物、呕吐物、粪便、剩余食物、用具等。临床上引起食物中毒的细菌很多，如沙门氏菌、空肠弯曲菌、葡萄球菌、副溶血性弧菌、蜡样芽孢杆菌、致病性大肠杆菌变形杆菌、肉毒梭菌、小肠结肠炎耶尔森菌等。沙门氏菌是引起食物中毒的主要病原菌之一，亦是最常见的食物中毒的原因，一般从病人的粪便或呕吐物中可分离出沙门氏菌。

（1）金黄色葡萄球菌引起的食物中毒：主要通过对食物或粪便中的肠毒素检测来进行诊断，因为被污染的食物经加热后葡萄球菌已被杀死。若培养则出现阴性结果，而肠毒素在加热的情况下并不被破坏。

（2）副溶血性弧菌引起的食物中毒：主要是摄入被副溶血性弧菌污染的水产品和腌菜所致。该菌引起的食物中毒主要靠细菌学检测确诊。

（3）空肠弯曲菌引起的食物中毒：是由于食入弯曲菌污染的肉类或牛奶所致。该病的确诊主要依据细菌学检测。

（4）小肠结肠炎耶尔森菌引起的食物中毒：采集食物或粪便的标本进行细菌培养。

（5）肉毒梭菌引起的食物中毒：主要是由肉毒梭菌产生的外毒素所引起，通常应在现场采集可疑食物做细菌学检测或动物试验。肉毒梭菌中毒主要通过粪便内毒素的检测来确诊，粪便培养结果多为阴性。

3. 食物中毒的应急办法

食物中毒一般具有潜伏期短、时间集中、突然暴发、来势汹涌的特点。据统计，食物中毒绝大多数发生在七、八、九三个月份。临床上表现为以上吐、下泻、腹痛为主的急性胃肠炎症状，严重者可因脱水、休克、循环衰竭而危及生命。一旦发生食物中毒，千万不能惊慌失措，应冷静分析发病的原因，针对引起中毒的食物以及服用的时间长短，及时采取以下应急措施：

（1）催吐。如果服用时间在1~2小时内，可使用催吐的方法。立即取食盐20克加开水200毫升溶解，冷却后一次喝下，如果不吐，可多喝几次，迅速促进呕吐。亦可用鲜生姜100克捣碎取汁用200毫升温水冲服。如果吃下去的是变质的荤食品，则可服用十滴水来促使迅速呕吐。还可用筷子、手指或鹅毛等刺激咽喉，引发呕吐。

（2）导泻。如果病人服用食物时间较长，一般已超过2~3小时，而且精神较好，则可服用些泻药，促使中毒食物尽快排出体外。一般用大黄30克一次煎服，老年患者可选用元明粉20克，用开水冲服，即可导泻。对老年体质较好者，也可采用番泻叶15克一次煎服，或用开水冲服，也能达到导泻的目的。

（3）解毒。如果是吃了变质的鱼、虾、蟹等引起的食物中毒，可取食醋100毫升加水200毫升，稀释后一次服下。此外，还可采用紫苏30克、生甘草10克一次煎服。

若是误食了变质的饮料或防腐剂，最好的急救方法是用鲜牛奶或其他含蛋白的饮料灌服。如果经上述急救，症状未见好转，或中毒较重者，应尽快送医院治疗。在治疗过程中，要给病人以良好的护理，尽量使其安静，避免精神紧张，注意休息，防止受凉，同时补充足量的淡盐开水。

食物中毒的家庭急救：一般的食物中毒，多数是由细菌感染引起的，少数由含有毒物质（有机磷、砷剂、升汞）的食物，以及食物本身的自然毒素（如毒蕈、毒鱼）等引起。发病一般在就餐后数小时，呕吐、腹泻次数频繁。如在家中发病，可视呕吐、腹泻、腹痛的程度适当处理。

二、预防食物中毒的具体办法

1. 良好的饮食习惯

饮食习惯是指人们对食品和饮品的偏好。其中包括对饮食材料、烹调方法以及烹调风味及佐料的偏好。饮食习惯是饮食文化中的重要元素。世界各国人们的饮食习惯由于受到地域、物产、文化历史的种种影响而十分多元化。饮食习惯对人体健康有很大影响，良好的饮食习惯是保证健康的重要措施。

（1）合理分配三餐。一日三餐的食量分配要适应生理状况和工作需要，最好的分配比例应该是3：4：3。如果一天吃1斤粮食，那么早晚各吃3两，中午吃4两比较合适。

（2）荤、素搭配适当。荤食中蛋白质、钙、磷及脂溶性维生素优于素食；而素食中不饱和脂肪酸、维生素和纤维素又优于荤食。所以，荤食与素食适当搭配，取长补短，才有利于健康。

（3）不挑食和偏食。人体所需要的营养物质是由各种食物供给的，没有任何一种天然食品能包含人体所需要的全部营养物质。单吃一种食物，不管吃的数量多大，营养如何丰富，也不能维持人体的健康。因此，在饮食中，不可长期挑食或偏食。

（4）不暴饮暴食。俗话说"若要身体好，吃饭不过饱"，这话是有一定道理的。暴饮暴食不仅能破坏胃肠道的消化吸收功能，引起急性胃肠炎、急性胃扩张和急性胰腺炎，而且由于膈肌上升，影响心脏活动，还可诱发心脏病等，如果抢救不及时，会发生生命危险。所以，任何时候都不要大吃大喝、暴饮暴食。

（5）常饮鲜果、鲜菜汁。鲜果、鲜菜汁是体内的"清洁剂"，它们能清除体内堆积的毒素和废物。因为当多量的鲜果汁和鲜菜汁进入人体消化系统后，会使血液呈碱性，把积存在细胞中的毒素溶解，由排泄系统排出体外。常吃海带，海带胶质能促进体内的放射性物质随同大小便排出人体，从而减少放射物质在人体内的积聚，减少放射性疾病的发生率。常喝绿豆汤能帮助排泄体内的毒物，促进机体的正常代谢。常吃猪血汤，猪血汤的血浆蛋白，经过人体胃酸和消化液中的酶分解后，会产生一种解毒和滑肠作用的物质，与浸入胃肠的粉尘、有害金属微粒发生化学反应，变为不易被人体吸收的废物。常吃黑木耳和菌类植物。据研究，黑木耳和菌类植物有良好的抗癌作用，并且能清洁血液和解毒，经常食用能有效地清除体内的污染物质。

（6）站着吃饭。根据医学上对世界各地不同民族用餐姿势的研究表明，站立位最科学，坐姿次之，而下蹲位是最不科学的。这是因为，下蹲时腿部和腹部受压，血流受阻，因而影响胃的血液供给。人们吃饭时，大都采用坐姿，主要是因为坐姿最感轻松之故。

（7）饭前喝汤。饭前先饮少量汤，好似运动前做预备活动一样，可使整个消化器官活动起来，使消化腺分泌足量消化液，为进食做好准备。

（8）偏爱冷食。科学家认为，降低体温是人类通向长寿之路。吃冷食和游泳、洗冷水浴一样，可使身体热量平衡，在一定程度上能够起到降低体温的作用，延长细胞寿命。

（9）好吃苦食。苦味食物不仅含有无机化合物、生物碱等，而且还含有一定的糖、氨基酸等。苦味食物中的氨基酸，是人体生长发育、健康长寿的必需物质。苦味食物还能调节神经系统功能，缓解由疲劳和烦闷带来的恶劣情绪。

（10）晨起喝水。早晨起床后喝一杯凉开水，有利于肝、肾代谢和降低血压，防止心肌梗死，有的人称之为“复活水”。人经过几个小时睡眠后，消化道已排空，晨起饮一杯凉开水，能很快被吸收，稀释血液，从而对体内各器官进行一次“内洗涤”。

（11）晚餐四不过。天气冷让人胃口大开，但是吃多了不仅担心发胖，更担心健康亮红灯。尤其是晚餐，如果进食不当，过饱、过晚，都可能损害人体健康。一是晚餐不过饱。中医认为，“胃不和，卧不宁”。如果晚餐过饱，必然会造成胃肠负担加重，其紧张工作的信息不断传向大脑，使人失眠、多梦，久而久之，易引起神经衰弱等疾病。中年人如果长期晚餐过饱，反复刺激胰岛素大量分泌，往往会造成胰岛素 B 细胞负担加重，进而衰竭，诱发糖尿病。二是晚餐不过荤。医学研究发现，晚餐经常吃荤食的人比经常吃素食的人血脂高 3 倍。患高血压、高血脂的人，如果晚餐经常吃荤，等于火上浇油。晚餐经常摄入过多的热量，易引起胆固醇增高，而过多的胆固醇堆积在血管壁上，久之就会诱发动脉硬化和冠心病。三是晚餐不过甜。晚餐和晚餐后都不宜吃甜食。科学家研究发现，虽然摄取白糖的量相同，但若摄取的时间不同，会产生不同的结果。这是因为肝脏、脂肪组织与肌肉等的糖代谢活性，在一天 24 小时不同的阶段中会有不同的改变。糖经消化分解为果糖与葡萄糖，被人体吸收后分别转变成能量与脂肪。由于运动能抑制胰岛素分泌，对糖转换成脂肪也有抑制作用，所以摄取糖后立即运动，就可抑制血液中脂肪浓度升高。而摄取糖后立刻休息，长此以往会令人发胖。四是晚餐不过晚。晚餐吃得太晚易患尿道结石。不少人因工作关系很晚才吃晚餐，餐后不久就上床睡觉。在睡眠状态下血液流速变慢，小便排泄也随之减少，而饮食中的钙盐除被人体吸收外，余下的须经尿道排出。据测定，排尿高峰一般在进食后 4 ~ 5 小时，如果晚餐太晚，排尿高峰便在零点以后，此时人睡得正香，高浓度的钙盐与尿液在尿道中滞留，与尿酸结合生成草酸钙，当其浓度较高时，在正常体温下可析出结晶并常沉淀、积聚，形成结石。因此，除多饮水外，应尽早进晚餐，使进食后的排泄高峰提前，排一次尿后再睡觉最好。

此外，要确保每天摄取以下各组中的某些食物：

（1）水果和蔬菜。普遍认为每天吃 5 份新鲜的水果和蔬菜大大有助于预防癌症。多吃各种果蔬，并确保多吃一些绿色叶菜，例如卷心菜、莴苣、椰菜等。

（2）肉类、鱼类和蛋白质。每周至少吃两次鱼和坚果，特别有利于补充蛋白质。

（3）糖类和高脂类食物。有节制地摄取这类食物，包括中脂和高脂奶酪。少量此类食物便蕴含丰富的脂肪。不宜多吃黄油、奶油、油炸的酥脆食物和巧克力。

（4）奶制品。适量食用奶制品有益于健康，适当吃一些半脱脂奶和脱脂奶、低脂酸奶、清爽乳酪和白软乳酪，不要吃全脂乳制品。

（5）淀粉类食物尽量多吃。包括面包、薯类、面食类和谷物，这组食物可补充纤维、维生素和矿物质。

2. 饮食卫生

夏季气温升高，湿度大，适合各种致病微生物繁殖，食物易腐败，再加之苍蝇叮爬，污染食物，如果人吃了被病菌或病菌毒素污染的食物，就可能引起食物中毒。熟食制品、凉菜、冷食等食品加工或贮存不当，极易引发食物中毒。一般来说，易导致食物中毒的食品以冷荤、凉菜、剩米饭和肉制品等为主，海鲜类食品、扁豆、新鲜腌制的咸菜也易出现这一问题。

预防食物中毒须把握的三个环节：一是防止食物被细菌污染。要购买新鲜的食品，不要购买腐败变质的食品，如买鱼要买活的，买猪肉要有“印花”的。这要通过购买者的看、闻、摸等方法去识别。最好不要购买半生不熟的“所谓熟食”，即使购买也要重新加热加工后再食用。二是要控制细菌繁殖。低温贮存食品是控制细菌繁殖的重要措施，食品购回后要及时放进冰箱，进行冷冻、冷藏保管。此外，通过盐渍、高糖、降低食品含水量等措施也能控制细菌繁殖。有的细菌，如金黄色葡萄球菌在繁殖过程中会产生葡萄球菌肠毒素，加热只能杀死金黄色葡萄球菌而不能破坏葡萄球菌肠毒素，食用后还会引起葡萄球菌肠毒素中毒，所以控制细菌繁殖非常关键。三是食品在食用前彻底杀灭细菌。加热是杀灭细菌，防止食物中毒的重要措施，也就是要对食物烧熟煮透。特别是要注意大块的食品，即使烧沸了，有时还烧沸了一段时间，但食品中心的温度不高，还没达到杀死细菌的要求，还有活菌存在，假如有致病菌，就可能引起食物中毒。只要注意做好以上三个环节，就能有效预防细菌性食物中毒的发生。

3．避免饮食习惯误区

（1）吃得过少。有些人为了减肥，经常节食。吃得少的人，特别是不吃早餐的人常容易疲乏犯困。早晨需要上学的学生，常有不吃早餐的。一次、两次不吃，久而久之就成了习惯。然而，营养学研究证明，早餐是人一天中最重要的一顿饭。早餐是启动大脑的“开关”。一夜酣睡，激素分泌进入低谷，储存的葡萄糖在餐后8小时就消耗殆尽，而人脑的细胞只能从葡萄糖这一种营养素中获取能量。早餐如及时雨，能使激素分泌很快进入高潮，并为脑细胞提供能源。如果早餐吃得少，会使人精神不振，降低工作效率。时间长了还会使人变得疲倦无力，头昏脑涨，情绪不稳定，甚至出现恶心、呕吐、晕倒等现象，无法精力充沛地学习和工作。

（2）吃得过多。大量进食后，胃肠为了完成消化吸收任务不得不增加血液供给，这样大量的血液流向消化道，外周组织和大脑的供血就会相应减少，特别是大脑，它不能储存能量，所以一旦缺血缺氧，能量代谢就会发生障碍，直接影响到脑功能的正常发挥，使人感到困倦。为此，有关专家提醒大家，无论男女老少其饮食都不宜过饱。

（3）过食油腻食物。偶尔摄入过多脂肪对身体并无大碍，但是长期摄入过多脂肪，就会对身体有害。血液中的血脂偏高，从而导致血液的流速下降，供氧功能降低，而心脏也会代偿性地增加收缩力。这时人不但容易困倦，而且稍微剧烈活动还会增加心脏负荷，从而加重疲劳感。

（4）过食海鲜。海鲜食品中含有一种叫谷氨酸钠的物质，也就是味素的主要化学成分，它在消化过程中能分解出谷氨酸，谷氨酸钠进入人体后经转化可合成δ－氨基丁酸。δ－氨基丁酸是一种抑制性神经递质，生成不足，容易引起中枢神经系统的过度兴奋，如出现狂躁或者抽搐。但是生成过多就会对中枢神经系统产生抑制作用，使人昏昏欲睡。

（5）过多摄入含色氨酸食物。色氨酸是人体必需的氨基酸，它可以促进大脑神经细胞分泌血清素。血清素具有抑制大脑思维活动的作用。因此摄入色氨酸含量较多的膳食，人就容易产生疲倦感和睡意。富含色氨酸的食物有小米、牛奶、香菇、葵花子、黑芝麻、黄豆、南瓜子、肉松、油豆腐、鸡蛋等。

（6）运动后大量喝酸性饮料。人体经过剧烈或大量运动之后，体内便会积累较多的乳酸，此时大量喝酸性饮料，就会使体内酸性代谢产物积聚，使人疲劳感加重。这时合理的方法就是多食用一些清淡易消化的食物，以蔬菜、水果等碱性食物为最佳。

（7）好热闹喜聚餐。每当节假日，人们大多喜欢三三两两到餐馆“撮一顿”，或是亲朋好友在家聚餐，既热闹又便于交流感情。但是，这样做不利于健康，不符合饮食卫生。建议最好实行分餐制。分餐的做法是对别人和自己生命健康的负责和尊重。

（8）用白纸包食物。有些人喜欢用白纸包食品，因为白纸看上去好像干干净净的。可事实上，白纸在生产过程中，会加用许多漂白剂及带有腐蚀作用的化工原料，纸浆虽然经过冲洗过滤，仍含有不少化学成分，会污染食物。至于用报纸来包食品，则更不可取，因为印刷报纸时，会用许多油墨或其他有毒物质，对人体危害极大。

（9）用酒消毒碗筷。一些人常用白酒来擦拭碗筷，以为这样可以达到消毒的目的。殊不知，医学上用于消毒的酒精度数为75°，而一般白酒的酒精含量多在56°以下，并且白酒毕竟不同于医用酒精。所以，用白酒擦拭碗筷，根本达不到消毒的目的。

（10）抹布清洗不及时。实验显示，在家里使用一周后的全新抹布，滋生的细菌数会让你大吃一惊；如果在餐馆或大排档，情况会更差。因此，在用抹布擦饭桌之前，应当先充分清洗。抹布每隔三四天应该用开水煮沸消毒一下，以避免因抹布使用不当而给健康带来危害。

（11）用卫生纸擦拭餐具。化验证明，许多卫生纸（尤其是非正规厂家生产的卫生纸）消毒状况并不好，这些卫生纸因消毒不彻底而含有大量细菌；即使消毒较好，卫生纸也会在摆放的过程中被污染。因此，用普通的卫生纸擦拭碗筷或水果，不但不能将食物擦拭干净，反而会在擦拭的过程中给食品带来更多的污染机会。

（12）用毛巾擦干餐具或水果。人们往往认为自来水是生水、不卫生，因此在用自来水冲洗过餐具或水果之后，常常再用毛巾擦干。这样做看似卫生细心，实则反之。须知，干毛巾上常常会存活着许多病菌。目前，我国城市自来水大都经过严格的消毒处理，所以说用洗洁剂和自来水彻底冲洗过的食品基本上是洁净的，可以放心食用，无须再用干毛巾擦拭。

（13）将变质食物煮沸后再吃。有些家庭主妇比较节俭，有时将轻微变质的食物经高温煮过后再吃，以为这样就可以彻底消灭细菌。医学实验证明，细菌在进入人体之前分泌的毒素，是非常耐高温的，不易被破坏分解。因此，这种用加热方法处理剩余食物的方法是不可取的。

（14）把水果烂掉的部分削了再吃。有些人吃水果时，习惯把水果烂掉的部分削了再吃，以为这样就比较卫生了。然而，微生物学专家认为：即使把水果上面已烂掉的部分削去，剩余的部分也已通过果汁传入了细菌的代谢物，甚至还有微生物开始繁殖，其中的真菌可导致人体细胞突变而致癌。因此，水果只要是已经烂了一部分，就不宜吃了，还是扔掉为好。

（15）养成良好的个人卫生习惯，饭前、便后要洗手。

（16）不购买“三无”（无产地、无生产日期、无保质期）食品饮品。谨慎选购包装食品，认真查看包装标志，查看市场准入标志（QS）。查看基本标志，厂家厂址、电话、生产日期、保质期是否标示清楚，产品是否合格。

4. 怎样判别伪劣食品

伪劣食品犹如过街老鼠，人人喊打，但人们在日常购物时却难以识别。伪劣食品防范有“七字法”，即防“艳”、“白”、“反”、“长”、“散”、“低”、“小”。一防“艳”。对颜色过分艳丽的食品要提防，如目前上市的草莓像蜡果一样又大又红又亮、咸菜梗亮黄诱人、瓶装的蕨菜鲜绿不褪色等，此时要留个心眼，是不是在添加色素上有问题？二防“白”。凡是食品呈不正常、不自然的白色，十有八九会有漂白剂、增白剂、面粉处理剂等化学品的危害。三防“长”。尽量少吃保质期过长的食品，3℃贮藏的包装熟肉禽类产品采用巴氏杀菌的，保质期一般为 7 ~ 30 天。四防“反”。就是防反自然生长的食物，如果食用过多可能对身体产生影响。五防“小”。要提防小作坊式加工企业的产品，这类企业的食品平均抽样合格率最低，触目惊心的食品安全事件往往在这些企业出现。六防“低”。“低”是指在价格上明显低于一般价格水平的食品，价格太低的食品大多有“猫腻”。七防“散”。散就是散装食品，有些集贸市场销售的散装豆制品、散装熟食、酱菜等可能来自地下加工厂。

5. 食物标签上的知识

（1）必须标注的内容。食品标签必须按照《食品标签通用标准》正确标注各项内容。包括食品的名称、配料表、净含量及固形物含量、制造者、经销商的名称和地址、生产日期和贮存指南、质量等级、产品标准号、保质期等。

（2）标签内容齐全，标签内容完整、规范和真实。

（3）保质期和保存期的区别。保质期是指最佳食用期，即在标签上规定的条件下保持食品卫生质量和营养的期限。在此期限内，食品完全适于销售，并符合标签内容和产品标准中所规定的卫生质量；超过此期限，在一定的时间内食品仍然可以食用。保存期是指推荐的最终食用期，在标签上规定的条件下，食品可以食用的最终日期；超过此期限，产品的质量可能发生变化，食品不再适于销售和食用。

6．远离细菌性食物中毒

（1）冷藏食品应保质、保鲜，动物食品食前应彻底加热煮透，隔餐剩菜食前也应充分加热。

（2）腌腊制品及罐头食品，食前应煮沸6～10分钟。

（3）禁止食用毒蕈、河豚等有毒动植物。

（4）防止食品被细菌污染。首先应该加强对食品企业的卫生管理，特别加强对屠宰厂宰前、宰后的检验和管理。禁止使用病死禽畜肉或其他变质肉类。醉虾、腌蟹等最好不吃。食品加工、销售部门及食品饮食行业、集体食堂的操作人员应当严格遵守食品卫生法，严格遵守操作规程，做到生熟分开，特别是制作冷荤熟肉时更应该严格注意。从业人员应该进行健康检查，合格后方能上岗，如发现肠道传染病及带菌者应及时调离。炊事员、保育员有沙门菌感染或带菌者，应调离工作，待3次大便培养阴性后才可返回原工作岗位。

（5）控制细菌繁殖。主要措施是冷藏、冷冻。温度控制在2℃～8℃，可抑制大部分细菌的繁殖。熟食品在冷藏中做到避光、断氧、不重复被污染，则冷藏效果更好。

（6）高温杀菌。食品在食用前进行高温杀菌是一种可靠的方法，其效果与温度高低、加热时间、细菌种类、污染量及被加工的食品性状等因素有关，根据具体情况而定。

三、容易中毒的食物

1．不能搭配的食物

俗话说“药食同源”、“药补不如食补”，但进补也要讲究科学。根据中医“五行”、“生、克”规律的学说，以下食物或药品是不能同时吃的（若非吃不可，最好间隔2小时以上）：

蟹—桃子　　田螺—木耳　　李子—鸭蛋　　红薯—石榴

脚鱼—苋菜	黄瓜—羊肉	蟹—柿子	田螺—玉米
李子—雀肉	芋头—香蕉	脚鱼—芹菜	黄瓜—花生米
蟹—橘子	田螺—冰	李子—鲭鱼	竹笋—麦芽糖
兔肉—芹菜	蜂蜜—豆腐	蟹—冰	田螺—蛤
虾—维生素 C	黄鳝—皮蛋	牛肉—韭菜	蜂蜜—鲫鱼
蟹—花生米	田螺—面食	虾—金瓜	龟肉—桃子
牛奶—生鱼	甘草—猪肉	蟹—香瓜	狗肉—大蒜头
皮蛋—红糖	甘草—鲤鱼	蟹—茄子	狗肉—绿豆
鸡蛋—消炎片	鸡蛋—糖精	牛奶—酸醋食物	

鸡肉—芹菜——伤元气	萝卜—木耳——生皮炎
牛肉—栗子——会呕吐	菠菜—豆腐——不宜
羊肉—西瓜——互侵	胡萝卜—白萝卜——相冲
柿子—红薯——生结石	番茄—黄瓜——不共食
猪肉—菱角——肝疼	萝卜—水果——不利甲状腺
鹅肉—鸡蛋——损脾胃	香蕉—芋艿——胃酸胀痛
洋葱—蜂蜜——伤眼睛	香蕉—马铃薯——面起斑
豆浆冲鸡蛋——不宜	甲鱼或黄鳝—蟹——孕妇忌

蔬菜类：

（1）萝卜：严禁与橘子同食，同食易患甲状腺肿；忌与胡萝卜同食；忌何首乌、地黄；服人参时忌食。

（2）胡萝卜：不宜与西红柿、辣椒、石榴、莴苣、木瓜等同食，最好单独吃或和肉类烹调。

（3）甘薯（红薯、白薯、地瓜、山芋）：不能与柿子、香蕉同食。

（4）黄瓜：不宜与维生素 C 含量高的蔬菜，如西红柿、辣椒等同时烹调。

（5）茄子：不宜与黑豆、蟹同食。

（6）韭菜：不宜与菠菜同食，同食易引起腹泻。

（7）小白菜：忌与黑豆、花生、毛豆、苋菜、猪肉等同吃。

（8）菠菜：不宜与豆腐同食，同食易使人缺钙，忌韭菜。

（9）南瓜：不宜与含维生素 C 的蔬菜、水果同食；不可与羊肉同食，否则会引起黄疸和脚气病。

（10）香菜：不可与补药同食；忌白术、牡丹皮。

（11）苦菜：不可与蜂蜜同食。

（12）辣椒：忌与羊肝、南瓜同食。

（13）芹菜：不宜与黄瓜同食。

（14）花生：不宜与蕨菜、毛蟹、黄瓜同食。

（15）豆腐：不要与牛奶、菠菜同食；忌用豆浆冲鸡蛋；忌与四环素同食。

肉禽蛋类：

（1）猪血：忌黄豆、地黄、何首乌。

（2）猪肝：忌与黄豆、豆腐、鱼肉、雀肉、山鸡、鹌鹑肉同食。

（3）猪肉：忌与鹌鹑、鸽肉、鲫鱼、菱角、黄豆、蕨菜、桔梗、乌梅、百合、巴豆、大黄、黄连、牛肉、驴肉、羊肝等同食。

（4）羊肉：忌与豆腐、荞麦面、乳酪、南瓜、醋、赤豆、梅干菜同食；忌铜、丹砂。

（5）猪脑髓：不可与酒、盐同食，影响男子性功能。

（6）鸡肉：老鸡头有毒不能吃；鸡肉忌与菊花、芥末、糯米、李子、大蒜、鲤鱼、鳖肉、虾、兔肉同食。

（7）牛肉：不可与鱼肉同烹调；不可与栗子、黍米、蜂蜜同食；不可与韭菜、白酒、生姜同食。

（8）牛肝：不宜与含维生素 C 的食物同食；忌鲍鱼、鲇鱼。

（9）鸭肉：忌木耳、胡桃；不宜与鳖肉同食。

（10）狗肉：忌与绿豆、杏仁、菱角、鲤鱼、泥鳅同食；忌用茶；不宜与大蒜同食。

（11）鹅肉：不宜与鸭梨同食。

（12）鸡蛋：忌与柿子同食，同食可引起腹痛腹泻、易形成柿结石；不宜与兔肉、鲤鱼、豆浆同食。

水产类：

（1）海鳗鱼：不宜与白果、甘草同食。

（2）鲤鱼：忌朱砂、狗肉。

（3）鳝鱼：忌狗肉、狗血、芥末；青色鳝鱼有毒，黄色鳝鱼无毒，有毒鳝鱼一次食用250克，可致死。

（4）海带：不宜与甘草同食。

（5）泥鳅：不宜与狗肉同食。

（6）青鱼：忌用牛、羊油煎炸；忌与芥末、白术、苍术同食。

（7）带鱼、黄花鱼：禁忌用牛、羊油煎炸；凡海味都禁甘草。

（8）虾：禁同时服用大量维生素C，否则，可生成三价砷，能致死；不宜与猪肉同食，损精；忌与狗、鸡肉同食；忌糖。

水果类：

（1）枣：不可与海鲜同食，否则令人腰腹疼痛；不可与葱同食，否则令人脏腑不合，头胀。

（2）桃子：不宜与鳖肉、龟肉同食。

（3）芒果：不宜与大蒜等辛物同食。

（4）鸭梨：忌鹅肉、蟹；忌多吃；忌与油腻、冷热之物杂食。

（5）山楂：不宜与海鲜、鱼类同食；

（6）石榴：服人参时忌用。

（7）葡萄：忌与四环素同食；

（8）苹果：不宜与海味同食。

（9）香蕉：不宜与白薯同食。

（10）柿子：忌与蟹、水獭肉同食，同食腹痛、大泻；忌与红薯、酒同食。

（11）杨梅：忌生葱；不宜与羊肚、鳗鱼同食，

（12）柑子：忌与蟹同食。

（13）杏：忌与小米同食，否则令人呕吐。

（14）橘子：忌与萝卜同食，同食诱发甲状腺肿；忌与牛奶、蟹、蛤同食。

（15）银杏：严禁多吃，婴儿吃 10 颗左右可致命，三五岁小儿吃 30 ~ 40 颗可致命；不可与鱼同食。同食则产生不利于人体的生化反应，小儿尤忌。

谷物类：

（1）黄豆：不宜与猪血、蕨菜同食；服四环素时忌用。

（2）大米（粳米）：不可与马肉同食；不可与苍耳同食。

（3）小米：不可与杏同食，同食易使人呕吐、泄泻；气滞者忌用。

（4）绿豆：不宜与狗肉、榧子同食。

（5）黑豆：忌与厚朴、蓖麻籽、四环素同食。

（6）红豆：忌与米同煮，食之发口疮；不宜与羊肉同食；蛇咬伤，百日内忌食；多尿者忌用。

调料饮品类：

（1）蒜：一般不与补药同食；忌蜂蜜、地黄、何首乌、牡丹皮。

（2）葱：不宜与杨梅、蜜糖同食，同食易气壅胸闷；忌枣、常山、地黄。

（3）酒：忌与汽水、啤酒、咖啡、奶、茶、糖同饮，不然对肠胃、肝、肾脏器官有严重的损害；不宜与牛肉、柿同食。

（4）醋：忌丹参、茯苓，不宜与海参、羊肉、奶粉同食；忌壁虎，可

致命。

（5）糖：忌虾，不可与竹笋同煮；不宜与牛奶、含铜食物同食。

（6）蜂蜜：不宜与葱、蒜、韭菜、莴苣、豆腐同食，不然易引起腹泻；忌地黄、何首乌。

（7）茶：贫血病人服用铁剂时，忌饮茶；不宜与狗肉同食；服人参等滋补药品时忌用。

（8）花椒：忌防风、附子、款冬。

（9）牛奶：1 忌牛奶中放钙粉；2 勿用牛奶冲鸡蛋；3 不宜与酸性饮料同食；4 不宜与糖同食；5 不宜与巧克力、四环素同食。

上述不宜同时吃的食物，可以分开进食，最好相隔 3～4 小时吃，以防其食性相克。

2. 常见的易中毒食物：

（1）鲜木耳。鲜木耳与市场上销售的干木耳不同，含有叫做“卟啉”的光感物质。如果被人体吸收，经阳光照射，会引起皮肤瘙痒、水肿，严重可致皮肤坏死。若水肿出现在咽喉黏膜，还能导致呼吸困难。

应对方法：新鲜木耳应晒干后再食用。暴晒过程会分解大部分“卟啉”。市面上销售的干木耳也需经水浸泡，使可能残余的毒素溶于水中。

（2）鲜海蜇。新鲜海蜇皮体较厚，水分较多。研究发现，海蜇含有四氨络物、5－羟色胺及多肽类物质，有较强的组胺反应，会引起中毒，出现腹泻、呕吐等症状。

应对方法：只有经过食盐加明矾盐渍 3 次（俗称“三矾”），使鲜海蜇脱水，才能将毒素排尽，方可食用。“三矾”海蜇呈浅红或浅黄色，厚薄均匀且有韧性，用力挤也挤不出水。海蜇有时会附着一种叫“副溶血性弧菌”的细菌，对酸性环境比较敏感。因此凉拌海蜇时，应放在淡水里浸泡两天，食用前加工好，再用醋浸泡 5 分钟以上，就能消灭全部“弧菌”。

（3）鲜黄花菜。鲜黄花菜含有毒成分“秋水仙碱”，如果未经水焯、浸泡且急火快炒后食用，可能导致头痛头晕、恶心呕吐、腹胀腹泻，甚至体温改变、四肢麻木。“秋水仙碱”在体内氧化为氧化二秋水仙碱，0.5～4小时内会出现恶心、呕吐、腹痛、腹泻、头昏、头疼、口渴、喉干等症状。

应对方法：干制黄花菜无毒。若想品尝新鲜黄花菜的滋味，应去其条柄，开水焯过，然后用清水充分浸泡、冲洗，使“秋水仙碱”最大限度溶于水中。建议将新鲜黄花菜蒸熟后晒干，若需要食用，取一部分加水泡开，再进一步烹调。如果出现中毒症状，不妨喝一些凉盐水、绿豆汤或葡萄糖溶液，以稀释毒素，加快排泄。症状较重者，立刻去医院救治。

（4）变质蔬菜。在冬季，蔬菜特别是绿叶蔬菜储存一天后，其含有的硝酸盐成分会逐渐增加。人吃了不新鲜的蔬菜，肠道会将硝酸盐还原成亚硝酸盐。亚硝酸盐会使血液丧失携氧能力，导致头晕头痛、恶心腹胀、肢端青紫等，严重时还可能发生抽搐、四肢强直或屈曲，进而昏迷。

应对方法：如果病情严重，一定要送院治疗。而轻微中毒的情况下，可食用富含维生素C或茶多酚等抗氧化物质的食品加以缓解。大蒜能阻断有毒物的合成进程，所以民间说大蒜可杀菌是有道理的。需要提醒的是，蔬菜当天买当天吃完最好。有些市民习惯将大白菜、青椒等用报纸包裹着放在冰箱里，这也是不可取的。

（5）变质生姜。生姜存贮温度以12℃～15℃为宜。如果存贮温度过高，腐烂也很严重。变质生姜含毒性很强的物质“黄樟素”，一旦被人体吸收，即使量很少，也可能引起肝细胞中毒变性。人们常说“烂姜不烂味”，这种观点是错误的。

（6）霉变甘蔗。霉变甘蔗的外观无正常光泽、质地变软，肉质变成浅黄或暗红、灰黑色，有时还会出现霉斑。如果闻到酒味或霉酸味，则表明甘蔗严重变质。甘蔗阜孢霉、串珠镰刀菌等产生的霉菌毒素10分钟至48小时内会引起头痛、头晕、恶心、呕吐、腹痛、腹泻、视力障碍；重者剧吐、阵发性痉挛性抽搐、神志不清、昏迷，幻视、哭闹。误食霉变甘蔗后，可引起中枢神经系统受损，轻者出现头晕头痛、恶心呕吐、腹痛腹泻、视力障碍等，严重者可能抽搐、四肢强直或屈曲，进而昏迷。

应对方法：观其色、闻其味之后，如果发现有可疑之处，一定不要食用。因为霉变甘蔗中含有神经毒素，而且目前还没有特效的解毒药。儿童的抵抗力较弱，要特别注意。

（7）长斑红薯。红薯表面出现黑褐色斑块，表明受到黑斑病菌（一种真菌）污染，排出的毒素有剧毒，不仅使红薯变硬、发苦，而且对人体肝脏影响很大。这种毒素，无论使用煮、蒸或烤的方法都不能使之破坏。因此，有黑斑病的红薯，不论生吃或熟吃，均会引起中毒。

（8）生豆浆。未煮熟的豆浆含有皂素等物质，不仅难以消化，还会诱发恶心、呕吐、腹泻等症状。

应对方法：一定要将豆浆彻底煮开再喝。当豆浆煮至85℃～90℃时，皂素容易受热膨胀，产生大量泡沫，让人误以为已经煮熟。家庭自制豆浆或煮黄豆时，应在100℃的条件下，加热约10分钟，才能放心饮用。还须注意，别往豆浆里加红糖，否则红糖所含醋酸、乳酸等有机酸与豆浆中的钙结合，产生醋酸钙、乳酸钙等块状物，不仅会降低豆浆的营养价值，而且会影响营养素吸收。此外，豆浆中的嘌呤含量较高，痛风病人不宜饮用。

（9）生四季豆。四季豆又名刀豆、芸豆、扁豆等，是人们经常食用的蔬菜。生四季豆中含皂苷和血球凝集素，皂苷对人体消化道具有强烈的刺激性，可引起出血性炎症，并对红细胞有溶解作用。此外，豆粒中还含红细胞凝集素，具有红细胞凝集作用。如果烹调时加热不彻底，豆类的毒素成分未被破坏，食用后会引起中毒。

四季豆中毒的发病潜伏期为数十分钟至数小时，一般不超过5小时，主要有恶心、呕吐、腹痛、腹泻等胃肠炎症状，同时伴有头痛、头晕、出冷汗等神经系统症状。此外，会出现四肢麻木、胃烧灼感、心慌和背痛等症状。病程一般为数小时或1～2天，愈后良好。若中毒较深，则须送医院治疗。

应对方法：家庭预防四季豆中毒的方法非常简单，只要把四季豆煮熟焖透就可以了。每一锅的量不应超过锅容量的一半，用油炒过后，加适量的水，加上锅盖焖10分钟左右，并用铲子不断地翻动四季豆，使它受热均匀。另外，还要注意不买、不吃老四季豆，把四季豆两头和豆荚摘掉，因为这些部位含毒素较多。

（10）青番茄。青番茄含有与发芽土豆相同的有毒物质——龙葵碱。人体吸收后会造成头晕恶心、流涎呕吐等症状，严重者会发生抽搐，对生命威胁很大。

应对方法：关键要选熟番茄。首先，外观要彻底红透，不带青斑。其次，熟番茄酸味正常，无涩味。第三，熟番茄蒂部自然脱落，外形平展。有时青番茄因存放时间久，外观虽然变红，但茄肉仍保持青色，此种番茄同样对人体有害，需仔细分辨。购买时，应看一看其根蒂，若采摘时为青番茄，蒂部常被强行拔下，皱缩不平。

第二节 火灾及预防办法

一、厨房火灾应急办法

厨房内常有各种电器、管道和易燃物品，是火灾易发地区，因此厨房防火是非常必要的。厨房防火除了要有具体措施外，还应学习防火知识，了解火灾发生的原因及防火知识。

火灾发生的三个基本条件是火源、氧气和可燃物质。厨房发生火灾的具体原因有许多，通常食用油极容易导致火灾，在油炸食物时，由于某些食物中含有较多水分，造成油锅中的热油外溢，引起火灾。煤气灶具也容易引起火灾，当煤气灶具的火焰突然熄灭时，煤气就从燃烧器中泄露出来，遇到火源后，火灾便发生了。厨房中的电线超负荷工作常引起火灾。

1. **常见的厨房起火原因**

（1）厨师在油炸食物时，由于往锅里加油过多，使油面偏高，油液煮沸溢出，遇明火燃烧。

（2）厨师在油炸食物时，对油的加温时间过长，油温超过了 240℃，引起食油自燃。

（3）点火锅时，火锅位置放置不当，将可燃物引燃。

（4）在火炉上烧、煨、炖食物时，无人看管，浮在汤上的油溢出锅外，遇明火燃烧。

（5）厨师的操作方式、方法不对，使油炸物或油喷溅，遇明火燃烧。

（6）油锅起火后处置方法不当，弄翻了锅，弄洒了油。

（7）厨房电线短路打火。由于厨房湿度大，油垢附着沉积量较大。加之温度较高，容易使一般塑料包层和一般胶质包层的电线绝源层氧化。另外，厨房内的其他电器、电动厨具设备和灯具、开关等，在长期的大量烟尘、油垢的作用下，也容易搭桥连电，形成短路打火，引起火灾。

（8）抽油烟罩积油太多，翻炒菜品时，火苗上飘，吸入烟道引起火灾。

2. **引起厨房火灾的因素**

（1）燃料多。厨房是使用明火进行作业的场所，所用的燃料一般有液化石油气、煤气、天然气、炭等。若操作不当，很容易引起泄漏、燃烧、爆炸。

（2）油烟重。厨房常年与煤炭、气火打交道，所处环境一般比较湿，在这种条件下，燃料燃烧过程中产生的不均匀燃烧物及油气蒸发产生的油烟很容易积聚下来，形成一定厚度的可燃物油层和粉层附着在墙壁、油烟管道和抽油烟机的表面，如不及时清洗油烟管道，就有引起火灾的可能。

（3）电器线路隐患大。有些厨房里，仍然存在装修用铝芯线代替铜芯线、电线不穿管、电闸不设背后盖的现象。这些设施在水电、油烟的长期腐蚀下，很容易发生漏电、短路起火。另外，厨房内运行的电器比较多，超负荷现象严重。特别是一些大功率电器设施，在使用过程中会因电流过大引发火灾。

（4）灶具器具易出事。灶具和餐具若使用不当，极易引发厨房火灾。生活中因高压锅、蒸气锅、电饭锅、冷冻机、烤箱等操作不当引发火灾的案例不在少数。

（5）用油不当会引起火灾。厨房用油大致分为两种，一是燃料用油，二是食用油。燃料用油指的是柴油、煤油，大型宾馆和饭店主要用柴油。柴油的闪点较低，在使用过程中因调火、放置不当等原因很容易引起火灾。

（6）其他因素。由于见火生畏的心理，发生火灾时，人们常常采取消极逃避方式来处理初期火灾，导致小火变大火。另外，在厨房里吸烟，吸完烟后烟头乱扔，也会引发火灾事故；厨房在进行卫生打扫时，常会出现乱倒水现象，这些水容易进入各种电器设施的内部，不仅容易使电器设施生锈腐烂，也极容易引起电器线路短路起火。

3．如何消除厨房操作中的火灾隐患

（1）尽量使用不燃材料制作厨房构件。炉灶与可燃物之间应保持安全距离，防止引燃和辐射热造成火灾。

（2）炉具使用完毕，应立即熄灭火焰，关闭气源，通风散热；炉灶、排气扇等用具上的油垢要定时清除；离家或睡觉前要检查厨房电器具是否断电，燃气阀门是否关闭，明火是否熄灭。

（3）油炸食品时，油锅搁置要平稳，油不能过满，并控制好油温。

（4）起油锅时，人不能离开，油温达到适当高度，应立 H 即放入菜肴、食品。

（5）遇油锅起火时，特别注意不可向锅内浇水灭火，可直接用锅盖或湿抹布覆盖，用切好的蔬菜倒入锅里也可以熄灭火。

（6）煨、炖、煮各种食品、汤类时，应有人看管，汤不宜过满，在沸腾时应调小炉火或打开锅盖，以防外溢熄灭火焰，造成燃气泄漏。

（7）各种煤气炉灶点火时，要用点火棒，不得使用火柴、打火机或纸张直接点火。

（8）在炼油、炸制食品时，必须有人看管，锅内不要放油过多，油温不能过高，严防因油溢出和油温过高自燃引起火灾。

（9）使用煤气时，随时检查煤气阀门或管道有无漏气现象，发现问题及时通知物业部门进行维修。安全、可靠的检查燃气漏气的方法为：用软毛刷或毛笔蘸肥皂水涂抹，发现肥皂水连续起泡的地方即为漏气部位；严禁用直接划火柴的方法来检查漏气部位。

（10）经常检查各种电器和电源开关，防止水进入电器，以免造成漏电、短路、打火等。

（11）要及时清理烟罩、烟囱和灶面及其他灶具，避免因油垢堆积过多而引起火灾。

（12）使用罐装液化气时，气罐与灶具要保持 1.5 米以外，不准在气罐的周围堆放可燃杂物，严禁对气罐直接加热。

（13）定期清理吸油烟机中的油污，防止夏天温度过高，导致油烟机自燃。

4. 厨房灭火注意事项

（1）如厨房燃气设备起火，只能关闭灶头的阀门，切不可关闭管道总阀，否则会引起燃气管道爆炸。必须先灭火，后关阀。

（2）如油锅起火，千万不可浇水，否则水在油锅内会炸，引起大火蔓延、人员烫伤；应使用灭火毯和泡沫灭火器。

（3）如电气设备起火，千万不可浇水，否则会触电；应先关闭电源，再用二氧化碳或干粉灭火器灭火。

（4）如排烟管道起火，应先关闭排风机，再用灭火器喷射。

（5）如垃圾桶起火，向垃圾桶内浇水即可灭火。

总的来说，厨房消防安全的重点在于防火，一丝不苟进行安全操作，以防为主，防消结合，一定能够创造出一个安全的厨房环境。

5. 厨房防火安全

（1）厨房必须保持清洁。染有油污的抹布、纸屑等杂物，应随时消除，炉灶油垢应经常清除，以免火屑飞散，引起火灾。

（2）炒菜时切勿随便离开、分神处理其他事务或与人聊天。

（3）油锅起火时，立即用锅盖紧闭，使其缺氧而熄，锅盖不密时，就近用酵粉或食盐倾入，使火焰熄灭，并除去热源，关闭炉火。

（4）工作时切勿吸烟或随便放置未熄烟蒂。

（5）烟囱顶端应装不锈钢的防护器，以防火星飞散。

（6）易燃、易爆危险物品，例如酒精、汽油、煤气筒钢瓶、火柴等，不可放置于炉具或电源插座附近，更不可靠近火源。

（7）用电烹煮食物，须防水分烧干起火，用电切勿利用分叉或多口插座并同时使用多个电器。

（8）插座头损坏或电线外部绝缘体破裂应立即更换或修理；发现电线走火时，迅速切断电源，切勿用水泼覆其上。

（9）使用煤气炉，煤气管线勿靠近电气线路或电源插座装置，炉具及钢瓶未经检验合格者，不可使用。

（10）使用煤气钢瓶不可横放，管线及开关不可有漏气现象，遵照点火及熄火方法，点火之前忌多量煤气喷出，熄火时关闭总闸，不可用口吹熄，以致忘记关闭，使煤气汇溢室内，引起火灾或中毒等事故。

（11）煤气火灾灭火方法：用泡沫灭火器械灭火；断绝煤气之源；降

低周围温度；断绝空气供给。

（12）每日使用完厨房，应清理厨房，检查电源及煤气、热源火种等开关确实关闭。

（13）如果发生火灾，应立即求援消防中心，在消防员未到前，自己要先抢救。油类起火最好用消防沙或灭火器扑灭。

二、电气火灾预防常识

1. 电气火灾的定义

由于电气方面原因（如过载、短路、漏电、电火花或电弧等）产生火源而引起的火灾称为电气火灾。

2. 引发电气火灾的原因

电流通过导体总要克服一些阻力而消耗一些电能，这些电能主要转化为热能，即电流通过导体的热效应。除了电器具以外，这些热能都是无益的，而且不利于安全输配电、安全用电。为了减少电能的损耗、防止导体发热，人们采取了多种办法，如高电压、低电流送电；电气设备上采用散热措施，也有采取强制冷却措施的。在正常情况下，其发热量被控制在允许的范围内，一般不会引起火灾事故。只有在异常情况下，其发散的热量才会迅速增加，从而导致火灾。电气火灾是多种多样的，例如过载、短路、接触不良、电火花与电弧、漏电、雷电或静电等都能引起火灾。从电气角度看，电气火灾大都是因电气工程、电器产品质量以及管理等问题造成的。此外，安装和维修不当、使用不慎以及麻痹大意也是发生电气火灾的主要原因。

1）过载

所谓过载，是指电气设备或导线的功率或电流超过其额定值。当电流超过电气的最大值时，即为过载。过载有线路过载和设备过载。一定材质、一点切面、一定绝缘层的导线所能通过的电流是有限度的，这个限度就叫做安全载流量。在这个安全载流量的范围内用电就比较安全，超过这个安全载流量就是过载（超负荷）。过载的结果将导致导线发热，超过越多，发热量越多。一般情况下，过载不会立即燃烧，不易为人们所发觉。而长期过载，会促使绝缘层老化，到一定的时候就会引起火灾。严重过载时，发生火灾的时间也会缩短。造成过载的原因有以下几个方面：设计、安装时选型不正确，电气设备的额定容量小于实际负载容量；设备或导线随意连接，增加负荷，造成超载运行；检修、维护不及时，使设备或导线长期处于带病运行状态。电气设备或导线的绝缘材料大都是可燃有机材料，如油、纸、麻、丝和棉纺织品、树脂、沥青、漆、塑料、橡胶等，只有少数属于无机材料，如陶瓷、云母和石棉等。过载使导体中的电能转变成为热能，当导体和绝缘物局部过热，达到一定温度时，就会引起火灾。

2）短路、电弧和火花

短路是电气设备最严重的一种事故状态，短路的主要原因是载流部分绝缘破坏造成火线与火线、火线与地线相连等。造成短路的原因如下：

（1）电气设备的选用和安装与使用环境不符，致使其绝缘在高温、潮湿、酸碱环境条件下受到破坏。绝缘导线由于拖拉、摩擦、挤压、长期接触等，绝缘层造成机械损伤。

（2）电气设备使用时间过长，绝缘老化，耐压与机械强度下降。对于有绝缘层的电线来说，一方面当绝缘层使用一段时间后，会自然风化；另一方面，在高温、潮湿、有腐蚀气体的场所没有选择相应型号的电缆，容易使绝缘层受到损害，而拖拉、摩擦、挤压、长期接触硬物体等也会对绝缘层造成机械损坏。此外，乱拉乱接、接错线路均会直接导致短路。导线的绝缘能力下降后，在一定条件下（如下雨、潮湿）会发生“漏电”现象。如果绝缘层损坏，导体间直接接触，则会立即发生短路。

（3）对于裸体导线来说，主要是安装太低，过分松弛，弧垂太大，或者线间距离太近，风吹时使两线相碰，风雨中与树枝接触；车辆装运物件过高，碰到电线；随便在高处抛金属物坠落在电线上；小动物跨接在两根电线上。过电压时绝缘击穿，会发生短路起火事故。错误操作、接线错误或把电源投向故障线路，通电时会发生短路。恶劣天气，如大风暴雨造成线路金属性连接。短路时，在短路点或导线连接松动的电气接头处会产生电弧或火花。电弧温度很高，可达6000℃以上，不但可引燃本身的绝缘材料，还会将其附近的可燃材料、蒸气和粉尘引燃。电弧还可能是接地装置不良或电气设备与接地装置间距过小，过电压时击穿空气引起的。切断或接通大电流电路，或大截面熔断器熔断时，也会产生电弧。雷击也会造成电气设备或电气线路短路。

3）接触不良

接触不良实际上是接触电阻过大，形成局部过热，也会出现电弧、电火花，造成潜在点火源。接触电阻过大的基本原因是连接质量不好。接触不良主要发生在导线与导线或导线与电气设备连接处，由于电阻增加，发热量也增加，产生局部高温，如连接松动，甚至若即若离，就有可能出现电弧、电火花，易引起附近可燃物燃烧。常见的原因有：①电气接头表面污损，接触电阻增加；②电气接头长期运行，产生导电的氧化膜，未及时清除；③电气接头因振动或由于热的作用，使连接处发生松动、氧化；④铜铝连接处未按规定方法处理，发生电化学腐蚀，也会使接触电阻增大；⑤接头没有按规定方法连接或连接不牢。

4）摩擦

发电机和电动机等旋转型电气设备，转子与定子相碰或轴承出现润滑不良、干枯产生干磨发热或虽润滑正常，但在高速旋转时，都可能引起火灾。

5）雷电

雷电是自然界的一种大气放电现象。雷电也是引起火灾的原因之一。

3. 电气火灾的预防办法

根据电气火灾和爆炸形成的主要原因，电气火灾应主要从以下几个方面进行预防：

（1）要合理选用电气设备和导线，不要使其超负载运行。

（2）在安装开关、熔断器或架线时，应避开易燃物，与易燃物保持必要的防火间距。

（3）保持电气设备正常运行，特别注意线路或设备连接处的接触保持正常运行状态，以避免因连接不牢或接触不良而使设备过热。

（4）要定期清扫电气设备，保持设备清洁。

（5）加强对设备的运行管理。要定期检修，防止绝缘损坏等造成短路。

（6）电气设备的金属外壳应可靠接地或接零。

（7）要保证电气设备的通风良好，散热效果好。

4. 电气火灾的扑救方法

（1）电气火灾的特点。电气火灾与一般火灾相比，有两个突出的特点：①电气设备着火后可能仍然带电，并且在一定范围内存在触电危险；②充油电气设备如变压器等受热后可能会喷油，甚至爆炸，造成火灾蔓延且危及救火人员的安全。所以，扑救电气火灾必须根据现场火灾情况，采取适当的方法，以保证灭火人员的安全。

（2）断电。灭火电气设备发生火灾或引燃周围可燃物时，首先应设法切断电源，必须注意以下事项：①处于火灾区的电气设备因受潮或烟熏，绝缘能力降低，所以拉开关断电时，要使用绝缘工具；②剪断电线时，不同相电线应错位剪断，防止线路发生短路；③应在电源侧的电线支持点附近剪断电线，防止电线剪断后跌落在地上，造成电击或短路；④如果火势已威胁邻近电气设备，应迅速拉开相应的开关；⑤夜间发生电气火灾，切断电源时，要考虑临时照明问题，以利扑救。如需要供电部门切断电源时，应及时联系。

（3）带电灭火。如果无法及时切断电源，而需要带电灭火时，要注意以下几点：①应选用不导电的灭火器材灭火，如干粉、二氧化碳、1211灭火器，不得使用泡沫灭火器带电灭火；②要保持人及所使用的导电消防器材与带电体之间的足够的安全距离，扑救人员应戴绝缘手套；③对架空线路等空中设备进行灭火时，人与带电体之间的仰角不应超过45°，而且应站在线路外侧，防止电线断落后触及人体。如带电体已断落地面，应划出一定警戒区，以防跨步电压伤人。

（4）充油电气设备灭火。①充油设备着火时，应立即切断电源，如外部局部着火时，可用二氧化碳、1211、干粉等灭火器材灭火；②如设备内部着火，且火势较大，切断电源后可用水灭火，有事故贮油池的应设法将油放入池中，再行扑救。

5. 常见电气设备引起火灾的原因

为了防止电气火灾，首先应当了解引起电气火灾的原因。常见电气设备引起火灾的原因有以下几种：

1）危险温度引燃可燃性物体

本体发热温度上升或物体的外界环境发热而造成温度上升，当温度上升到达其自燃点温度（固体）或闪点温度（液体）时，物体就会开始燃烧。电气设备的发热使其温度上升，当达到危险温度时同样会引起设备本身或周围物体的燃烧。

电气设备在运行中的发热分析：①电流通过导体，由于导体有电阻存在，导体中就会产生能量损耗而造成发热；②电磁感应型的设备如变压器、电动机其铁芯中产生磁滞损耗和涡流损耗，这些损耗的能量造成发热；③电机运转的机械摩擦损耗发热；④电气设备运行中的杂散损耗发热。

在正常运行条件下，设备的发热量可以通过不同的方式散热，使发热量与散热量平衡，从而可以控制温升，保持温度不超过电气设备或材料的允许使用温度。例如：裸导线和塑料绝缘线的持续工作温度最高不得超过

70℃，橡皮绝缘线的持续工作温度最高一般不得超过65℃，变压器的上层油温不得超过85℃；电力电容器外壳温度不得超过65℃；电动机定子绕组的最高温度，对应于所采用的A级、E级或B级绝缘材料分别为95℃、105℃或110℃，定子铁芯分别为110℃、115℃或120℃等。

这就是说，电气设备正常的发热是允许的。但电气设备在不正常运行条件下，如因相间短路、超过额定负载运行和单相接地短路造成的导体通过电流过大，因导体材质选择不当、导体截面积过小形成的回路电阻增大和接触不良形成的接触电阻过大，因电气设备散热设施工作不正常或运行环境不良，因电气设备运行方式不当或设备质量问题造成设备不能正常运行而损坏烧毁等，使得设备的发热与正常散热不平衡，从而热量集聚，造成温度上升，在一定条件下便可能引起设备本身或设备周围的易燃物燃烧而形成火灾。

2）电热性的日用电器和照明灯具引燃源

电热器具是将电能转换成热能的用电设备。常用的电热器具有电炉、电烘箱、电熨斗、电烙铁、电褥子等。

电炉电阻丝的工作温度高达800℃，使用不当时，可引燃与之接触的或附近的可燃物。电炉连续工作时间过长或电炉丝烧断，截短后继续使用，也会因温度过高烧毁绝缘材料；电炉电源线容量不够，可导致发热等不正当的使用，均可能引燃成灾。电烤箱内物品烘烤时间太长、温度过高可能引起火灾。使用红外线加热装置时，如误将红外光束照射到可燃物上，也可能引起燃烧。电熨斗和电烙铁的工作温度高达500℃～600℃，能直接引燃可燃物，若使用不当，如电褥子通电时间过长，使电褥子温度过高，电褥子铺在床上，经常受压、揉搓、折叠，电热丝发生短路，致使电热元件受到损坏，电褥子折叠使用，破坏其散热条件，均可能因过热而导致起火燃烧。

灯泡和灯具工作温度较高，白炽灯泡表面温度随灯泡大小和生产厂家不同而差异很大。在一般散热条件下，40 W 白炽灯表面温度约为 50℃ ~60℃，75 W 白炽灯表面温度约为 140℃ ~200℃，100 W 白炽灯表面温度约为 170℃ ~220℃，150 W 白炽灯表面温度约为 150℃ ~230℃，200 W 白炽灯表面温度约为 180℃ ~300℃。如将 200 W 的灯泡紧贴纸张，十几分钟即可将纸张点燃。高压水银荧光灯的表面温度与白炽灯相差不多，约为 150℃ ~250℃。卤钨灯灯管表面温度较高，1000 W 卤钨灯灯管表面温度可达 500℃ ~800℃。灯泡和灯具应用时安装不当，灯具与易燃物距离过近或破坏了散热条件均可能引起火灾。灯座内接触不良，使接触电阻增大，温度上升过高，可引燃可燃物。日光灯镇流器运行时间过长或质量不好，使发热增加，温度上升，如超过镇流器内的绝缘材料的引燃温度或安装不当亦可引燃成灾。

6. 家用电器不能“疲劳”使用

空调管线、厨房的煤气软管等电器部件，在阳光炙晒下，很容易导致接头松软。如果长时间使用，势必造成电、气设备自身温度上升，导致部分零部件软化，使绝缘强度降低，极易发生短路或者漏气的情况，从而引发火灾。提醒：电器的通风口要保持畅通，使其能够尽可能地保持良好的散热，尽量避免长时间开启大量电器，尽可能给家电有休息的时间。

家电引发的火灾，一般会散发出一种烧橡胶、烧塑料的难闻气味。在发现火情后，必须先断开电源，再着手灭火。切勿向电器泼水，应用干粉灭火器或二氧化碳灭火器灭火，若情况危急也可用浸湿的被褥等物覆盖住电器，以达到窒息灭火的目的。

使用煤气前，要检查一下煤气罐和煤气软管接口处是否有松动，软管是否长时间暴露在阳光之下。一旦发现煤气泄漏，应立即关闭气阀和炉具开关并打开门窗，千万不要开关室内任何电器或使用室内电话。若是发现邻居家燃气泄漏应立刻敲门通知，切勿使用门铃。

睡觉前请检查电源是否及时关掉，以免家用电器失火给家庭生命财产安全带来不必要的伤害。如果不慎引起家用电器失火，首先应立即关机，拔下电源插头或拉下总闸，如发现电器起火冒烟，断电后，火即自行熄灭；如果屋内失火，应紧闭门窗，防止火势蔓延，在充满浓烟的屋中要用湿毛巾捂住口鼻，披上浸湿的衣物、被褥等从安全出口逃生，并及时报警。如果是导线绝缘体和电器外壳等着火，可用湿棉被等覆盖物封闭窒息灭火，切勿用水扑救电视机、厨房等电器火灾，以防炸裂、油火蔓延等情况，逃离前必须先把有着火房间的门关紧，特别是在住户多的大楼及旅馆里，可将火焰、浓烟封闭在一个房间之内，不致迅速蔓延。任何正在运行的电器，若出现冒烟、起火等现象，应该立即拔掉电源插头或拉下电源开关，不可用水往通电起火的电器上浇泼，以防引起触电事故。家用电器发生火灾后未经修理不得接通电源使用，以免触电或再次发生火灾事故。

7. 电气火灾的自救

火灾不仅会烧掉大量财物，烧毁无法弥补的历史文化瑰宝，还可能危及我们宝贵的生命。火灾现场缺氧、高温、烟尘、毒气和房屋倒塌等突如其来的险恶环境，往往使被大火围困的人们惊慌失措，束手无策，以致葬身火海。例如，2002 年 6 月 16 日，北京“蓝极速”网吧因放火发生火灾，造成 25 人死亡、12 人受伤。人，最宝贵的是生命。一场大火降临，在众多被火势围困的人员中，有的人不知所措，生灵涂炭；有的人慌不择路，跳楼丧生或造成终身残疾；也有的人化险为夷，死里逃生。这固然与起火时间、地点、火势大小、建筑物内消防设施和周围环境等因素有关，但在一定程度上与被火围困的人员在灾难降临时是否具备逃生自救的本领也有很大关系。我们要以人为本，加强宣传教育，努力提高全民的消防安全意识，学习和掌握一些逃生自救知识，就可以临危不惧，幸免于难。

（1）熟悉环境法。要了解和熟悉所处建筑的消防安全环境。对经常工作或居住的建筑物，事先可制订较为详细的火灾逃生计划，进行逃生训练和实地演练。对确定的逃生出口、路线和方法，要让所有家庭成员熟悉、掌握。公众聚集场所要将逃生出口和路线绘制成安全疏散图，张贴在明显位置，以供平时大家熟悉。一旦发生火灾，则按逃生疏散预案顺利逃出火场。当我们外出，走进商场、宾馆、影剧院、歌舞厅等公共场所时，要留心看一看安全出口、灭火器的位置，以便遇到火灾能及时疏散和灭火。例如，1985 年 4 月 18 日深夜，哈尔滨市天鹅宾馆发生特大火灾，起火的楼层住着一位日本客人，他在 18 日入住 11 层客房时，先在门口观察了周围环境，了解了疏散出口的位置和周边情况。当他夜里意识到失火后，便穿过烟雾弥漫的走廊直往疏散通道摸去，得以死里逃生。这就是日本客人熟悉所处环境的益处。

（2）迅速撤离法。火场逃生是争分夺秒的行动。听到火灾警报或意识到自己被烟火围困时，千万不要迟疑，要立即设法脱险，切不可贪恋财物延误逃生良机。在现实生活中，就有人已经逃离险境，又返回火场抢救财物，导致丧生火场的悲剧。一般地说，火灾初期，烟少、火小，只要迅速撤离，是能够安全逃生的。

（3）毛巾保护法。火灾中产生的一氧化碳在空气中的含量达到1.28%时，即可导致人在 1 ~ 3 分钟内窒息死亡。同时，燃烧中产生的热空气被人吸入，会严重灼伤呼吸系统的软组织，也会造成人员窒息死亡。许多火灾的受害者就是因有毒有害气体窒息而死的。逃生者多数要经过充满浓烟的走廊楼梯间才能离开危险区域。逃生时，可把毛巾浸湿，叠起来捂住口鼻，无水时用干毛巾也行，若身边没有毛巾，餐巾、口罩、帽子、衣服也可以替代。穿越烟雾区时，即使感到呼吸困难，也不能将毛巾从口鼻上拿开，否则就会有危险。注意：不要顺风疏散，应迅速逃到上风处躲避烟火的侵害。由于着火时，烟气太多聚集在上部空间，向上蔓延快、横向蔓延慢，因此在逃生时，不要直立行走，应弯腰或匍匐前进。在撤离时应将浸湿的棉大衣、棉被、褥子、毛毯等遮盖在身上，以最快的速度直接冲出火场，到达安全地点。

（4）通道疏散法。楼房着火时，应根据火势情况，优先选用最便捷、最安全的通道和疏散设施逃生，如通过疏散楼梯、消防电梯、室外疏散楼梯、阳台、落水管等逃生自救。从浓烟弥漫的建筑物通道逃生时，可用湿衣服、湿床单、湿毛毯等将身体裹好，低势行进或匍匐爬行穿过险区。即使自己无力逃生，躲避到阳台上的人，也可赢得一些时间来等待消防人员的救援。如无其他救生器材，可考虑利用建筑的阳台、屋顶、避雷线、落水管等脱险。

（5）绳索滑行法。当各通道全部被浓烟烈火封锁时，可利用结实的绳子或将窗帘、床单、被褥等撕成条，拧成绳，用水浸湿，然后将其拴在牢固的暖气管道、窗框、床架上，被困人员逐个顺绳索沿墙缓慢滑到地面或下到下一个楼层而脱离险境。

（6）低层跳离法。如果被围困在楼房的二层，若无条件采取其他自救方法或短时间内得不到救助，在烟火威胁、万不得已的情况下，也可以跳楼逃生。但在跳楼之前，应先向地面扔一些棉被、枕头、床垫、大衣等柔软物品，以便“软着陆”。然后再用手扒窗台，身体下垂，头上脚下，自然下滑，以缩小跳落高度，并使双脚首先着落在柔软物上。如果被烟火围困在三层以上的楼房内，千万不要急于跳楼（距地面太高，往下跳时易造成重伤或死亡）。只要有一线生机，就不要冒险跳楼。

（7）通道畅通法。楼梯、通道、安全出口等是火灾发生时最重要的逃生之路，应保证畅通无阻，切不可堆放杂物或设闸上锁，以便紧急时能安全迅速地通过。请记住：自断后路，必死无疑。

（8）扑灭小火法。当发生火灾时，如果发现火势并不大，且尚未对人造成很大威胁，若周围有足够的消防器材，如灭火器、消防栓等，应奋力将小火控制、扑灭，千万不要惊慌失措地乱叫乱窜，置小火于不顾而酿成大灾。请记住：争分夺秒，扑灭“初期火灾”。

（9）借助器材法。在生命受到威胁，不到最后一刻，不要放弃生命，一定要竭尽所能设法逃生。逃生和救人的器材设施种类较多，通常使用的有缓降器、救生袋、救生网、救生气垫、救生软梯、救生滑竿、导向绳、救生舷梯等，如果能够充分利用这些器材和设施，就可以从火“口”脱险。

(10) 暂时避难法。在无路可逃生的情况下，应积极寻找暂时的避难处所，积极争取时间，创造机会逃生。在设有避难间的建筑物内，可利用避难间，躲避烟火的危害。如果处在没有避难间的建筑里，被困人员要创造避难场所与烈火搏斗，求得生存。其方法是：关紧房间临近火势的门窗，打开背火面的门窗（但不要打碎玻璃，窗外有烟进来时，要赶紧把窗户关上）。如果门窗缝隙或其他孔洞有烟渗透进来，要用毛巾、床单等物品堵住或挂上湿棉被、湿毛毯、湿麻袋等不燃、难燃物品，并不断地向迎火的门窗及遮挡物上洒水，最后淋湿房间内的一切可燃物，一直坚持到大火的熄灭。

另外，在被烟火围困暂时无法逃离时，要主动与外界联系（还应注意应用防火门、防火卷帘门等防火分隔，启动通风和排烟系统创造生存环境）。应尽量待在阳台、窗口等易于被人发现和能避免烟火近身的地方。如房间有电话、手机，要及时报警。如没有这些通信设备，白天可用彩色醒目的旗子或衣物摇晃、呼救，或外抛轻型晃眼的东西；在晚上可用手电筒不停地在窗口闪动或者敲击东西，及时发出有效的求救信号，引起救援者的注意或在能疏散的情况下择机逃生。请记住：充分暴露自己，才能有效拯救自己。

(11) 莫入电梯法。按规范标准设计建造的建筑物，都会有两条以上逃生楼梯、通道或安全出口。发生火灾时，要根据情况选择进入相对较为安全的楼梯通道。除可以利用楼梯外，还可以利用建筑物的阳台、窗台、天面屋顶等攀到周围的安全地点或沿着落水管、避雷线等建筑结构中凸出物滑下楼来脱险。在高层建筑中，电梯的供电系统在发生火灾时随时会断电或因热的作用电梯变形而使人被困在电梯内，同时由于电梯井犹如贯通的烟囱般直通各楼层，有毒的烟雾直接威胁被困人员的生命。请记住：发生火灾时，乘电梯逃生极其危险。

（12）保持镇静，明辨方向，迅速撤离。突遇火灾，面对浓烟和烈火，首先要强令自己保持镇静，迅速判断危险地点和安全地点，确定逃生的办法，尽快撤离险地。千万不要盲目地跟从人流和相互拥挤、乱冲乱窜。撤离时要注意，朝明亮处或外面空旷地方跑，要尽量往楼层下面跑，若通道已被烟火封阻，则应背向烟火方向离开，通过阳台、气窗、天台等往室外逃生。请记住：人只有沉着镇静，才能想出好办法。

（13）标志引导法。在公共场所的墙壁上、门顶等醒目位置，一般都设置有“太平门”、“紧急出口”、“安全通道”、火警电话、逃生方向箭头、事故照明灯等消防标志和事故照明，被困人员看到这些标志时，马上就可以确定自己的行为，按照标志指示的方向有秩序地撤离逃生。

（14）身上着火时如何扑灭自救。火灾发生时，如果身上着火，千万不要惊慌失措，东奔西跑或胡乱拍打。因为奔跑时形成的小风会使火烧得更旺，同时跑动还会把火种带到别处，引燃周围的可燃物；胡乱拍打，往往顾前顾不了后，在痛苦难熬中，一旦支持不住，就会造成严重烧伤，甚至丧失生命。所以，一旦不幸身上着火，首先应该设法脱掉衣帽。如果来不及脱掉，可以把衣服撕破扔掉。若这都来不及做，可以在没有燃烧物的地方倒在地上打滚，将身上的火苗压灭；如果有其他人在场，可用麻袋、毯子等把着火人的身体包裹起来，就能使火熄灭；或向着了火的人身上浇水，或帮着将烧着的衣服撕下来，但切记不可用灭火器直接向着了火的人身上喷射，以免其中的药剂引起烧伤者的伤口感染。如果火场周围有水缸、水池、河沟，可以取水浇灭，不要直接跳入水中。因为虽然这样可以尽快灭火，但对后来的烧伤治疗不利。同样，头发和脸部被烧着时，不要用手胡拍乱打，这样会擦伤表皮，不利于治疗，应该用浸湿的毛巾或其他浸湿物去拍打。

总之，我们在灾难面前首先要稳定自己的情绪，沉着、冷静地面对突如其来的险情，结合实际情况，积极创造生存的机会，选择有效、安全可靠的逃生方式方法，快速脱离险情。

8. 安全用电常识

（1）发现燃气泄漏，要迅速关闭气源阀门，打开门窗通风，切勿触动电器开关和使用明火，并迅速通知专业维修部门来处理。

（2）不能随意倾倒液化气残液，因为液化气残液一旦遇到明火，将会发生一连串的燃烧爆炸。所以，应将液化气残液交由充装单位统一回收，不得自行处理。

（3）要教育孩子不玩火，不玩弄电器设备。平时要把打火机等火种放在孩子不易拿到的地方，不准小孩开启煤气、液化气开关；不能让小孩在有可燃物的地方燃放烟花爆竹。

（4）全国每年都会发生多起因吸烟而引起的火灾，占生活用火引起火灾的首位。日常生活中不要乱丢烟头，不能躺在床上吸烟，严禁在有易燃易爆物的场所吸烟。

（5）家用电器或线路着火，要先切断电源，再用干粉或气体灭火器灭火，不可直接泼水灭火，以防触电或电器爆炸伤人。

（6）如果油锅着火，千万不能用水灭火，应立即关闭炉灶燃气阀门，直接盖上锅盖或用湿抹布覆盖，令火窒息。还可向锅炉内放入切好的蔬菜冷却灭火。

（7）如果发现火灾，应迅速拨打火警电话119，报警时要讲清详细地址、起火部位、着火物质、火势大小、报警人姓名及电话号码，并派人到路口迎候消防车。

（8）家中发生火灾，不要惊慌失措，如果火势不大，应迅速利用家中备有的简易灭火器材，采取有效措施控制和扑救火灾。

（9）当室外着火，门已发烫时，千万不要开门，以防大火蹿入室内。要用浸湿的被褥、衣物等堵塞门缝，并泼水降温。

（10）如果所有逃生路线均被大火封锁，要立即退回室内，用打手电筒、挥舞衣物、呼叫等方式向窗外发送求救信号，等待救援。

（11）在救火时不要贸然开门窗，以免空气对流，加速火势蔓延。

（12）如果燃气罐着火，要用浸湿的被褥、衣物等捂盖灭火，并迅速关闭阀门。

（13）在离家或睡前要检查用电器具是否断电、燃气阀门是否关闭及明火是否熄灭。

（14）不要随意占用楼道，切勿在走廊、楼梯口等处堆放杂物和搭设建筑；要保持楼道畅通，便于着火时疏散。

（15）不要乱接乱拉电线，配电线路应采取穿金属管保护措施，切勿滥用铜丝、铁丝代替熔丝。

（16）不要在电暖气上烘烤衣物，要让电暖气与可燃物保持一定的安全距离。

（17）《中华人民共和国刑法》第一百一十四条规定：放火、决水、爆炸、投毒或者以其他危险方法破坏工厂、矿场、油田、港口、河流、水源、仓库、住宅、森林、农场、谷场、牧场、重要管道、公共建筑物或者其他公私财产，危害公共安全，尚未造成严重后果的，处三年以上十年以下有期徒刑。

（18）《中华人民共和国刑法》第一百一十五条规定：放火、决水、爆炸、投毒或者以其他危险方法致人重伤、死亡或者使公私财产遭受重大损失的，处十年以上有期徒刑、无期徒刑或者死刑。过失犯前款罪的，处三年以下有期徒刑；情节较轻的，处三年以下有期徒刑或者拘役。

第三节　触电及预防知识

一、触电及触电的危害

1. 触电的定义

电是我们日常生活及工作上必需的动力能源。电的危害与其他的危害，如机器和化学品等不同之处是不容易被察觉，所以容易造成严重的事故。人体是导体，当人体上加有电压时，就会有电流通过人体。电流通过人体的持续时间是影响电击伤害程度的重要因素。人体通过电流时间长，人体电阻就会下降，流过的电流就会越大，后果就越严重。另一方面，人的心脏每收缩、扩张一次，中间约有0.1秒的间歇，这0.1秒对电流最敏感。如果电流在这一瞬间通过心脏，即使电流很小（零点几毫安）也会引起心脏震颤；如果电流不在这一瞬间通过心脏，即使电流较大，也不会引起心脏停搏。由此可知，如果电流持续时间超过0.1秒，则必然与心脏最敏感的间隙相重合而造成很大的危险。电流对人体的作用，女性较男性敏感，小孩遭受电击较成人危险。人体的皮肤干湿等情况对电击伤害程度也有一定的影响。皮肤干燥时电阻大，通过电流小；皮肤潮湿时电阻小，通过的电流就大，危害也大。凡患有心脏病，神经系统疾病或结核病的病人电击伤害程度比健康人严重。

当通过人体的电流很小时，人没有感知；当通过人体的电流稍大，人就会有“麻电”的感觉；当此电流达到8～10毫安时，人就很难摆脱电压，会形成危险的触电事故；当此电流达到100毫安时，在很短时间内就会使人窒息、心跳停止。所以当加在人体上的电压大到一定数值时，就会发生触电事故。通常情况下，不高于36伏的电压对人是安全的，称为安全电压。照明用电的火线与零线之间的电压是220伏，绝不能同时接触火线与零线。零线是接地的，所以火线与大地之间的电压也是220伏，一定不能在与大地连通的情况下接触火线。

2. **触电的类型及伤害**

电击伤俗称“触电”，是由于电流通过人体所致的损伤，大多数是因人体直接接触电源所致，也有被数千伏以上的高压电或雷电击伤。接触1000伏以上的高压电多出现呼吸停止，200伏以下的低压电易引起心肌纤颤及心搏停止，220~1000伏的电压可致心脏和呼吸中枢同时麻痹。触电局部可有深度灼伤而呈焦黄色，与周围正常组织分界清楚，有2处以上的创口、1个入口、1个或几个出口，重者创面深及皮下组织、肌腱、肌肉、神经，甚至深达骨骼。

按人体触及带电体的不同，触电可分为以下三类：

（1）单相触电。单相触电是指人体在地面或其他接地导体上，人体某一部分触及一相带电体的触电事故。大部分触电事故都是单相触电事故。

（2）两相触电。两相触电是指人体两处同时触及两相带电体的触电事故。其危险性一般是比较大的。

（3）跨步电压触电。当带电体接地有电流流入地下时，电流在接地点周围土壤中会产生电压降。人在接地点周围，两脚之间出现的电压叫跨步电压，由此引起的触电事故叫跨步电压触电。

按触电对人体造成伤害的情况及其性质的不同可分为电击和电伤两类。

（1）电击。电击是电流对人体内部组织的伤害，是最危险的一种伤害，绝大多数（大约85%以上）的触电死亡事故都是由电击造成的。电击的主要特征有：①伤害人体内部；②在人体的外表没有显著的痕迹；③致死电流较小。

按照发生电击时电气设备的状态，电击可分为直接接触电击和间接接触电击。直接接触电击是触及设备和线路正常运行时的带电体发生的电击

（如误触接线端子发生的电击），也称为正常状态下的电击。间接接触电击是触及正常状态下不带电，而当设备或线路故障时意外带电的导体发生的电击（如触及漏电设备的外壳发生的），也称为故障状态下的电击。

（2）电伤。电伤是由电流的热效应、化学效应、机械效应等效应对人造成的伤害。触电伤亡事故中，纯电伤性质的及带有电伤性质的约占75%（电烧伤约占40%）。尽管大约85%以上的触电死亡事故是电击造成的，但其中大约70%的含有电伤成分。

对专业电工自身的安全而言，预防电伤具有更加重要的意义。

① 电烧伤是电流的热效应造成的伤害，分为电流灼伤和电弧烧伤。电流灼伤是人体与带电体接触，电流通过人体由电能转换成热能造成的伤害。电流灼伤一般发生在低压设备或低压线路上。电弧烧伤是由弧光放电造成的伤害，分为直接电弧烧伤和间接电弧烧伤。前者是带电体与人体发生电弧，有电流流过人体的烧伤；后者是电弧发生在人体附近对人体的烧伤，包含熔化了的炽热金属溅出造成的烫伤。直接电弧烧伤是与电击同时发生的。电弧温度高达8000℃以上，可造成大面积、大深度的烧伤，甚至烧焦、烧掉四肢及其他部位。大电流通过人体时也可能烘干、烧焦肌体组织。高压电弧的烧伤较低压电弧严重，直流电弧的烧伤较工频交流电弧严重。发生直接电弧烧伤时，电流进、出口烧伤最为严重，体内也会受到烧伤。与电击不同的是，电弧烧伤都会在人体表面留下明显痕迹，而且致死电流较大。

② 皮肤金属化是在电弧高温的作用下，金属熔化、汽化，金属微粒渗入皮肤，使皮肤粗糙并呈特殊颜色。皮肤金属化多与电弧烧伤同时发生。

③ 电烙钝是在人体与带电体接触部位留下的永久性斑痕。斑痕处皮肤失去原有弹性、色泽，表皮坏死，失去知觉。

④ 机械性损伤是电流作用于人体时，由于中枢神经反射和肌肉强烈收缩等作用导致的肌体组织断裂、骨折等伤害。

⑤ 电光眼是发生弧光放电时，由红外线、可见光、紫外线对眼睛的伤害。电光眼表现为角膜炎或结膜炎。

人体触电后，电流和电压对人体会产生各种不同的伤害，甚至使人丧失生命。以下因素对触电后果起着重大影响：

（1）电流大小与伤害。电流是触电伤害的直接因素。当电流通过人体的时候，根据电流的大小不同，人体的感受和所受到的危害程度也不同。一般认为电压24伏以下是安全的，高于40伏则有危险。若流过人体的电流为20毫安，人即麻痹难受，几乎自己不能摆脱，特别是人手触电，肌肉收缩反而握紧带电物体，有发生灼伤的可能。如果流过人体的电流为50毫安，人的呼吸器官会发生麻痹，以致造成死亡。一盏25瓦的白炽灯，灯泡流过的电流为114毫安，如果流过人体，就足以致人死亡。电流对人的致命作用是造成心室纤颤、心脏停搏，是对延髓呼吸中枢的危害，可引起呼吸中枢的抑制、麻痹甚至呼吸停止。低压电电击伤常引起电烧伤和对人体内器官造成的伤害；高压电电击伤则多引起心脏骤停和呼吸停止。心脏骤停和呼吸停止的表现有三种：①心脏骤停或心室纤额，但有呼吸，这多见于1000伏以下的低压电击伤；②心脏仍有跳动，但无呼吸，多见于1000伏以上的高压电击伤；③心跳呼吸均停止。

（2）电压高低与伤害。触电后电压愈高，流过人体的电流就愈大，接触电压高，使皮肤破裂，降低了人体的电阻，通过人体的电流随之加大；相反，电压愈低，流过人体的电流也就愈小。

（3）时间长短与伤害。电流作用于人体的时间愈长，人体电阻愈小，则通过人体的电流愈大，对人体的伤害就愈严重。工频50毫安交流电，如果作用时间不长，还不至于死亡；若持续数十秒，必然引起心脏室颤、心脏停止跳动而致死。

（4）电流通过人体的途径。由于人体的触电部位不同，电流流过人体的途径亦不同，所通过的途径和触电的结果有密切关系。电流通过头部使人昏迷，通过脊髓可能导致肢体瘫痪；若通过心脏、呼吸系统和中枢神经，可导致精神失常、心跳停止、血循环中断。可见，电流通过心脏和呼吸系统，最容易导致触电死亡。

（5）人体电阻的大小与伤害。人体电阻就是电流通过人体时，人体对电流的阻力。人体各部分的有机组织不同，电阻的大小也不同。如皮肤、脂肪、骨路、神经的电阻比较大，其中皮肤表面的角质外层电阻最大，而肌肉、血液的电阻比较小。人体的电阻愈大，触电后流过人体的电流就愈小，因而危险也就愈小。人体电阻不是一个不变的常数，接触电压愈高，人体电阻愈小；接触带电导体时间愈长，人体电阻也愈小。

（6）电流的种类、频率与伤害。交流电频率愈高（如大于200赫兹），由于电流途径有趋肤效应，很少通过人体心脏部位，只能造成灼伤而不会有生命危险，而日常用的电源多是频率为50赫兹的（工频）交流电，频率较低，对人体触电造成的危害较为严重。

二、如何预防触电事故

1. 使用电器的安全事项

据统计，每年我国因使用家用电器造成触电死亡的人数超过1000人。因此，安全使用家用电器首先要防止人体触电。触电会严重危及人身安全，如果一个人身上较长时间流过大于自身的摆脱电流（IEC报告，60千克体重成年男子为10毫安，妇女为其70%，儿童为其40%），就会摔倒、昏迷或死亡。一般来说，如果按规定使用合格的家用电器，则不会发生触电事故。造成触电事故发生的主要原因是：家用电器配电不合要求；不按说明书的要求使用家电；使用家电没有采取防触电技术措施；家电出现故障，如绝缘击穿外壳带电等。

正确使用家用电器，防止触电事故发生的注意事项如下：

（1）严格按说明书要求正确使用。据有关部门统计，不少新购买家电的损坏和对人体的伤害，是由于使用不当或缺乏应有保养知识造成的。因此，用户在使用新购买的家电产品之前，应该仔细阅读使用说明书，并严格按照说明书的提示进行操作和保养，特别是说明书中“警告”的内容，用户要格外注意，特别小心，千万不可置若罔闻，否则会给自己造成不必要的损失和人身伤害。文化程度不高的老人，对新购买的电器，应在专业人员的指导下使用。儿童使用要有成年人在场。另外，产品说明书也是日后安全使用和保养家电的可靠保证，一定要妥善保存，避免毁坏或丢失。

（2）掌握安全用电常识。湿手不能触摸带电的家用电器，不能用湿布擦拭使用中的家用电器；判断家用电器是否漏电，在手边无验电笔时，可用手的背面接触家用电器的外壳。若漏电，则手因条件反射而弯曲，而弯曲的方向又恰好是脱离家用电器的方向，这样，触电的时间很短，就不会有危险；家用电器停用时，应拔掉电源插头；不带电修理家中的线路或电器；搬动家用电器前，应关上开关并拔去插头，并避免磕碰。为确保家中有人触电时能及时切断电源、正确救护，最好人们都能掌握使触电者脱离电源和进行现场急救的一般方法。

（3）要有两级防触电技术措施。使用家用电器造成触电死亡，绝大多数是因为家用电器的金属外壳因故障带电。按照目前的技术水平，使所有家用电器在整个寿命期内外壳绝对不带电很难做到，即使做到了，成本也很高，也没有必要。

解决家用电器金属外壳因故障带电伤人可采取的技术措施是：在对电器金属外壳进行保护接地或保护接零的基础上安装漏电保护器。这是国家安全用电标准的要求，即采用两级保护：当一种保护方式万一失灵时，另一种保护方式作为备用，形成防触电的双保险，确保万无一失。

① 家用电器保护接地或保护接零的选用。凡使用三脚插头的家用电器需要对其保护接地或保护接零。保护接地或保护接零的实现是通过三脚插头的顶脚与三眼插座实现的。至于用户选用哪一种保护，根据我国《低压用户电气安装规程》中的规定，由低压公用电网或农村集体电网供电的电

气装置应采用保护接地，不得采用保护接零。根据这一规定，一般农村用户采用接地保护，城镇用户采用接零保护。具体应该采用哪一种可咨询当地的电工。

② 安装并正确使用漏电保护器。漏电保护器是为了防止漏电或触电的保护仪器。当电器泄漏电流超过额定值（家用漏电保护器的动作电流不大于30毫安，动作时间不大于0.1秒）时，该装置会跳闸、断电。漏电保护器作为一项有效的电气安全技术装置已经被广泛使用，并起到了举足轻重的作用，老百姓通俗地称它为“保命器”。装了漏电保护器的家庭，当人身触及一根导线或漏电的家电外壳时，它能自动切断电源，使人体避免触电事故的发生，同时能有效防止线路漏电造成电能的浪费。我国几十年漏电保护器的运行经验表明，推广使用漏电保护器，对防止触电伤亡事故，避免因漏电而引起的火灾事故具有明显效果。家用漏电保护器在运行过程中要定期试验，通常每月至少试验一次其动作的可靠性。试验方法是：接通电源时，连续三次按下它的试验按钮，如果三次都能立即跳闸，说明它本身是动作的，可以放心使用。

（4）避免旧家用电器超期服役。近年来，城市低收入家庭和农村家庭因使用“超龄”家用电器导致的安全事故越来越多。这是因为当家用电器超过使用寿命后，电器元件会老化，电器内部绝缘不良，电器随时可能发生外壳带电现象，一旦电器金属外壳带电，接触电器的人员就有发生触电的可能，给使用者人身安全带来伤害。因此，消费者应有“家用电器使用寿命”的概念，让旧电器按时“退休”，避免旧家用电器超期服役。一些常用家用电器的正常使用寿命如下：普通电视机10～12年；CRT投影电视7～10年；冰箱12年；洗衣机8年；电热水器8年；DVD、VCD 5年左右；空调15年。其他小家电各不相同，多数在10年左右。当然家用电器的使用寿命也不是绝对的，如果在潮湿、有腐蚀性气体等恶劣环境下使用，或使用频率高，寿命会大大缩短。

(5) 家庭尽量避免临时用电、杜绝私拉乱接。许多家庭特别是农村家庭，购买家用电器后，因插座不够用，自己私拉乱接，安装临时插座使用。由于普通老百姓不是电工专业技术人员，不懂家用电器的配电知识，导线与插座的选择与安装不符合国家标准，有些用户安装的插座不固定，随意乱放，哪里方便就放在那里，给家中的老人、孩子带来严重安全隐患。

(6) 定期维修家庭配电线路，尽量避免使用旧导线。国家标准规定，家庭室内的照明线路至少每三年检修一次，在检查过程中发现事故隐患及时维修，预防事故发生。但农村的现状是：室内线路十几年甚至几十年都不维修一次，这应引起农户的高度重视，要定期请电工维修家庭配电线路。另外，近几年又出现了一个新情况，进城打工的农民在拆旧房子时捡了些旧导线，带回家后私拉乱接，由于这些导线已使用多年，加之拆房子的过程中会造成导线绝缘层的机械损伤，在使用过程中极容易造成触电事故。因此，农户应尽量避免使用这样的导线，不得已使用时，应仔细检查，对绝缘层有损坏的部位要用绝缘胶布包缠，以免漏电伤人。

(7) 不购买和使用劣质电气产品。目前，农村市场的现实情况是：假冒伪劣低压电器大量存在。同时，由于农民是低收入群体，在购买低压电器如插座、开关、导线等电气产品时往往只考虑价格，贪图便宜不关心质量，因此导致一些农户购买劣质低压电气产品是常有的事。劣质低压电气产品通常有破损、金属元件外露和绝缘性能差等问题，使用者极容易发生触电事故。建议用户选用符合国家标准、规格型号合适的电器要求的插座、开关等低压电器。购买的电气产品不能有破损，金属元件不能外露。家庭厨卫选用防潮、防水的电气产品。所购买的低压电器一定要有 3C 认证。

(8) 购买小家电、手持式电器和移动电器等尽量选用防触电类型为Ⅱ类的产品。目前，市场上销售的家用电器按防触电类型的不同，可分为Ⅰ

类、Ⅱ类和Ⅲ类。其中Ⅰ类电器的外壳是金属或有外露金属部件，电源引线采用三脚插头，使用时需要保护接地或保护接零，以防止电器金属外壳万一漏电伤人。Ⅱ类电器采用双重绝缘或加强绝缘，其铭牌上标有一个"回"字。Ⅱ类电器具有良好的双重绝缘或加绝缘，表现为电器本身除基本绝缘外，还有一层独立的附加绝缘。当基本绝缘损坏时，操作者仍能与带电体隔离，不致触电，可有效防止触电事故的发生。Ⅲ类电器是采用安全电压的电器。由于目前我国农村使用Ⅰ类电器时，采取保护接地的几乎没有，一旦外壳带电，接触电器的人员就会发生触电事故。而Ⅲ类电器需要专用变压器，使用成本高，也不可能大量使用。相比较而言，选择Ⅱ类电器使用安全性高，增加成本也不大，同时考虑到小家电、手持式电器和移动电器大多握在使用者的手中或使用者经常与其接触，一旦漏电就会触电，因此，购买小家电、手持式电器和移动电器时，最好选择Ⅱ类电器。

2. 触电后的应急措施

如果遇到触电情况，要沉着冷静、迅速果断地采取应急措施。要针对不同的伤情，采取相应的急救方法，争分夺秒地抢救，直到医护人员到来。触电急救的要点是动作迅速，救护得法。发现有人触电，首先要使触电者尽快脱离电源，然后根据具体情况进行相应的救治。

（1）立即切断电源。①如开关箱在附近，可立即拉下闸刀或拔掉插头，断开电源；②如距离闸刀较远，应迅速用绝缘良好的电工钳或有干燥木柄的利器（刀、斧、锹等）砍断电线，或用干燥的木棒、竹竿、硬塑料管等物迅速将电线拨离触电者；③若现场无任何合适的绝缘物（如橡胶、尼龙、木头等）可利用，救护人员亦可用几层干燥的衣服将手包裹好，站在干燥的木板上，拉触电者的衣服，使其脱离电源；④对高压触电，应立即通知有关部门停电，或迅速拉下开关，或由有经验的人采取特殊措施切断电源。脱离电源时应注意：救护者一定要判明情况，做好自身防护。在触电人脱离电源的同时，要防止发生二次摔伤事故。如果是夜间抢救，要及时解决临时照明，以避免延误抢救时机。

（2）当伤员脱离电源后，应立即检查伤员全身情况，特别是呼吸和心跳，发现呼吸、心跳停止时，应立即就地抢救。

① 轻症即神志清醒、呼吸心跳均自主者，伤员就地平卧，严密观察，暂时不要站立或走动，防止继发休克或心衰。

② 呼吸停止、心搏存在者，就地平卧解松衣扣，通畅气道，立即口对口人工呼吸，有条件的可给气管中插管，加压氧气并进行人工呼吸。亦可针刺人中、十宣、涌泉等穴，或给予呼吸兴奋剂（如山梗菜碱、咖啡因、尼可刹米）。

③ 心搏停止、呼吸存在者，应立即做胸外心脏按压。触电者心跳停止时，必须立即用心脏按压法进行抢救，具体方法如下：将触电者衣服解开，使其仰卧在地板上，头向后仰，姿势与口对口人工呼吸法相同。救护者跪跨在触电者的腰部两侧，两手相叠，手掌根部放在触电者心口窝上方、胸骨下1/3处，掌根用力垂直向下，向脊背方向挤压，对成人应压陷3～4厘米，每秒挤压1次，每分钟挤压60次为宜。挤压后，掌根迅速全部放松，让触电者胸部自动复原，每次放松时掌根不必完全离开胸部。对上述步骤反复操作。

④ 呼吸、心跳均停止者，则应在人工呼吸的同时施行胸外心脏按压，以建立呼吸和循环，恢复全身器官的氧供应。现场抢救最好能两人分别施行口对口人工呼吸及胸外心脏按压，以1：5的比例进行，即人工呼吸1次，心脏按压5次。如现场抢救仅有1人，用15：2的比例进行胸外心脏按压和人工呼吸，即先做胸外心脏按压15次，再口对口人工呼吸2次，如此交替进行，抢救一定要坚持到底。

⑤ 处理电击伤时，应注意有无其他损伤。如触电后弹离电源或自高空跌下，常并发颅脑外伤、血气胸、内脏破裂、四肢和骨盆骨折等。如有外伤、灼伤均需同时处理。

⑥ 现场抢救中不要随意移动伤员，当确需移动时，抢救中断时间不应超过30秒。移动伤员或将其送医院，除应使伤员平躺在担架上并在背部垫以平硬阔木板外，应继续抢救，心跳呼吸停止者要继续进行人工呼吸和胸外心脏按压，在医院医务人员未接替前救治不能中止。

3. **触电的预防**

(1) 绝缘、屏护和间距是最为常见的安全措施。①绝缘。它是防止人体触及绝缘物，把带电体封闭起来。瓷、玻璃、云母、橡胶、木材、胶木、塑料、布、纸和矿物油等都是常用的绝缘材料。应当注意：很多绝缘材料受潮后会丧失绝缘性能或在强电场作用下会遭到破坏，丧失绝缘性能。②屏护。即采用遮拦、护照、护盖箱闸等把带电体同外界隔绝开来。电器开关的可动部分一般不能使用绝缘，而需要屏护。高压设备不论是否有绝缘，均应采取屏护。③间距。就是保证必要的安全距离。间距除用防止触及或过分接近带电体外，还能起到防止火灾、防止混线、方便操作的作用。在低压工作中，最小检修距离不应小于0.1米。

(2) 接地和接零。①接地。接地是指与大地的直接连接，电气装置或电气线路带电部分的某点与大地连接、电气装置或其他装置正常时不带电部分某点与大地的人为连接都叫接地。为了防止电气设备外露的不带电导体意外带电造成危险，将该电气设备经保护接地线与深埋在地下的接地体紧密连接起来的做法叫保护接地。由于绝缘破坏或其他原因而可能出现危险电压的金属部分，都应采取保护接地措施。如电机、变压器、开关设备、照明器具及其他电气设备的金属外壳都应予以接地。一般低压系统中，保护接地电阻值应小于4欧姆。②保护接零。就是把电气设备在正常情况下不带电的金属部分与电网的零线紧密地连接起来。应当注意的是，在三相四线制的电力系统中，通常是把电气设备的金属外壳同时接地、接零，这就是所谓的重复接地保护措施，但还应该注意，零线回路中不允许装设熔断器和开关。

（3）装设漏电保护装置。为了保证在故障情况下人身和设备的安全，应尽量装设漏电流动作保护器。它可以在设备及线路漏电时通过保护装置的检测机构转换取得异常信号，经中间机构转换和传递，然后迅速动作，自动切断电源，起到保护作用。

（4）采用安全电压。这是用于小型电气设备或小容量电气线路的安全措施。根据欧姆定律，电压越大，电流也就越大，因此，可以把可能加在人身上的电压限制在某一范围内，使得在这种电压下通过人体的电流不超过允许范围，这一电压就叫做安全电压。安全电压的工频有效值不超过50伏，直流不超过120伏。我国规定工频有效值的等级为42伏、36伏、24伏、12伏和6伏。凡手提照明灯、高度不足2.5米的一般照明灯，如果没有特殊安全结构或安全措施，应采用42伏或36伏安全电压。凡金属容器内、隧道内、矿井内等工作地点狭窄、行动不便以及周围有大面积接地导体的环境，使用手提照明灯时应采用12伏安全电压。

（5）加强绝缘。加强绝缘就是采用双重绝缘或另加总体绝缘，即保护绝缘体以防止通常绝缘损坏后的触电。

第四节　煤气中毒

一、煤气中毒的概念

在密闭的居室里使用煤炉取暖、做饭，使用燃气热水器长时间洗澡而又通风不畅时，容易发生煤气中毒事故。煤气中毒后，人往往会头晕、恶心、呕吐、心慌、皮肤苍白、意识模糊，严重者会神志不清、牙关紧闭、全身抽搐、大小便失禁、面色口唇出现樱桃红色、呼吸和脉搏增快。

家庭中煤气中毒主要指一氧化碳、液化石油气、管道煤气、天然气中毒，前者多见于冬天用煤炉取暖，门窗紧闭，排烟不良时，后者常见于液化灶具漏泄或煤气管道漏泄等。煤气中毒时病人最初感觉为头痛、头昏、恶心、呕吐、软弱无力，当病人意识到中毒时，常挣扎下床开门、开窗，但一般仅有少数人能打开门，大部分病人迅速发生抽筋、昏迷，两颊、前胸皮肤及口唇呈樱桃红色，如救治不及时，会很快呼吸抑制而死亡。

二、煤气中毒的常见类型

煤气中毒依其吸入空气中所含一氧化碳的浓度、中毒时间的长短，常分为轻型、中型和重型三种类型。

（1）轻型。中毒时间短，血液中碳氧血红蛋白为10%～20%，表现为中毒的早期症状，即头痛、眩晕、心悸、恶心、呕吐、四肢无力，甚至出现短暂的昏厥。病人一般神志尚清醒，吸入新鲜空气，脱离中毒环境后，症状迅速消失，一般不留后遗症。

（2）中型。中毒时间稍长，血液中碳氧血红蛋白占30%～40%，在轻型症状的基础上，可出现多汗、烦躁、走路不稳、皮肤苍白、意识模糊、困倦乏力、虚脱或昏迷等症状，皮肤和黏膜呈现煤气中毒特有的樱桃红色。如抢救及时，可迅速清醒，数天内完全恢复，一般无后遗症状。

（3）重型。发现时间过晚，吸入煤气过多，或在短时间内吸入高浓度的一氧化碳，血液中碳氧血红蛋白浓度常在50%以上，病人呈现深度昏迷，各种反射消失，大小便失禁，四肢厥冷，血压下降，呼吸急促，会很快死亡。一般昏迷时间越长，预后越严重，常留有痴呆、记忆力和理解力减退、肢体瘫痪等后遗症。特别是在夜间睡眠中引起中毒，日上三竿才被发觉，此时病人多已神志不清，牙关紧闭，全身抽动，大小便失禁，面色口唇呈现樱桃红色，呼吸脉搏增快，血压上升，心律不齐，肺部有罗音，体温可能上升。极度危重者，持续深度昏迷，脉细弱，不规则呼吸，血压下降，也可出现高热40℃，此时生命垂危，死亡率高。即使有幸未死，也会遗留严重的后遗症如痴呆、瘫痪，丧失工作、生活能力。

三、中毒成因

（1）平房烟囱安装不合理，筒口正对风口，使煤气倒流，或遇大风倒烟、烟筒被烟灰或其他东西堵塞等，煤气排不出或排量少，大部分扩散在室内，也会发生煤气中毒。生活用煤不装烟筒，或是装了烟筒但却堵塞、漏气，会使室内一氧化碳浓度增高。

（2）在密闭不透风的居室中使用煤炉取暖、做饭，由于通风不良，供氧不充分，可产生大量一氧化碳积蓄在室内。另外，含碳的燃料，如汽油、煤油、木炭等，在缺氧而不能燃烧时，也可产生大量的一氧化碳，引起煤气中毒。

（3）火灾现场会产生大量一氧化碳。

（4）冬天在门窗紧闭的小车内连续发动汽车，产生大量含一氧化碳的废气。

（5）煤气热水器安装使用不当。

（6）自制土暖气取暖，虽与煤炉分室而居，但发生泄漏、倒风引起煤气中毒。

（7）城区居民使用管道煤气，管道中一氧化碳浓度为25% ~30%。如果管道漏气、开关不紧或烧煮中火焰被扑灭后煤气大量溢出，可造成中毒。

（8）气候条件不好，如遇刮风、下雪、阴天、气压低，煤气难以流通排出，可能引起煤气中毒。

四、中毒后的临床症状

1. 中毒机理

一氧化碳无色无味，常在意外情况下，特别是在睡眠中不知不觉地侵入呼吸道，通过肺泡的气体交换，进入血流，并散布全身，造成中毒。一氧化碳攻击性很强，空气中含0.04% ~0.06%或以上浓度时，就很快进入血流，在较短的时间内强占人体内所有的红细胞，紧紧抓住红细胞中的血红蛋白不放，使其形成碳氧血红蛋白，取代正常情况下氧气与血红蛋白结合成的氧合血红蛋白，使血红蛋白失去输送氧气的功能。一氧化碳与血红蛋白的结合力比氧与血红蛋白的结合力大300倍。一氧化碳中毒后人体血液不能及时供给全身组织器官充分的氧气，这时，血中含氧量明显下降。大脑是最需要氧气的器官之一，一旦断绝氧气供应，由于体内的氧气只够消耗10分钟，很快会造成人的昏迷并危及生命。

2. 临床表现

（1）轻度：头痛、头晕、心慌、恶心、呕吐症状；

（2）中度：面色潮红、口唇樱桃红色、多汗、烦躁、逐渐昏迷；

（3）重度：神志不清、呼之不应、大小便失禁、四肢发凉、瞳孔散大、血压下降、呼吸微弱或停止、肢体僵硬或瘫软、心肌损害或心律失常。

3. 并发症状

煤气中毒后，开始有头晕、头痛、耳鸣、眼花，四肢无力和全身不适，症状逐渐加重则有恶心、呕吐、胸部紧迫感，继之昏睡、昏迷、呼吸急促、血压下降，以至死亡。

五、煤气中毒的预防

在日常生活中，有人认为睡觉时在炉火边放一盆水可以防止煤气中毒，其实这种说法是错误的，因为一氧化碳不易溶于水。正确的预防措施是：

（1）在冬季用煤炉取暖时，煤炉首先要装上烟筒，并检查煤炉和烟筒是否漏气，烟道有无堵塞，是否通畅，并根据当地风向确定排烟方向，以防灌倒风。

（2）俗话说，“宁可冷清清，不能烟熏熏”，晚上睡觉，不要堵上炉火的风门，屋内要设通风口，注意室内空气的流通。

（3）刚刚生着的煤炉，最容易产生一氧化碳，应及时打开窗户通风，并等炉火着旺后再封火，切不可用湿煤封火。封火后应及时清理燃烧未尽的炉灰。

（4）家庭用火炕取暖，要注意火炕的密封情况，做到不漏气、排烟顺畅。

（5）提高认识，增强安全意识。从预防做起，树立安全第一的思想，要做到定期检查烟筒和烟囱是否漏气，是否堵塞。长时间停火后，再生火时一定要检查烟筒和烟囱，确保自身的安全。

六、煤气中毒后的应急措施

1. 自救方法

在使用煤炉、炭盆取暖或使用石油液化气热水器洗澡时，如果感到有头晕、胸闷的症状，要尽快打开门窗，脱离现场。若感到全身乏力不能站立，可在地上匍匐爬行（一氧化碳比空气轻），迅速打开门窗逃生，同时呼救。

2. 急救他人方法

当发现或怀疑有人出现一氧化碳中毒，在救护人员赶到前采取一些急救措施，将可能极大地减少伤亡。可立即采取下述措施：

（1）尽快让患者离开中毒环境，转移至户外开阔通风处，并立即打开门窗，流通空气。【注意：在保证中毒环境空气流通前，禁止使用易产生明火、电火花的设备，如电灯、电话、手机、电视、燃气灶、手电筒、蜡烛等，防止一氧化碳浓度过高遇明火发生爆炸。】

（2）松解患者衣扣，保持呼吸道通畅，清除口鼻分泌物，保证患者有自主呼吸，充分给以氧气吸入。

（3）患者应安静休息，避免活动后加重心、肺负担及增加氧的消耗量。

（4）神志不清的中毒病人必须尽快抬出中毒环境，在最短的时间内，检查病人呼吸、脉搏、血压情况，根据这些情况进行紧急处理。

（5）若呼吸心跳停止，应立即进行人工呼吸和心脏按压。

（6）病情稳定后，尽快将病人护送到医院进一步检查治疗。【注意：即使患者中毒程度较轻，或症状较轻，也应尽快到医院检查，进行注射葡萄糖、VC、吸氧等治疗，减少后遗症危险。切记避免因一时脱离危险而麻痹大意，不去医院诊治导致出现记忆力衰退、痴呆等严重后遗症。】

（7）争取尽早进行高压氧舱治疗，减少后遗症。即使是轻度、中度中毒，也应进行高压氧舱治疗。

（8）拨打 120 报警。

第五节　远离动物伤害

现在家庭养宠物的越来越多，从小猫、小狗、小兔子到小乌龟，都是孩子青睐的宠物。一般认为，动物也通人性，时间长了会和人有感情，而且宠物一般都很小，因此很少考虑被宠物伤害的问题。事实上，被宠物抓伤、咬伤的情况屡有发生，而且由于孩子喜欢小动物，接触多，往往更容易被伤害。家长应该提醒孩子：首先，宠物不卫生，可能传染疾病。有的宠物如小猫、小狗经常在外面和家里的地上打滚，或跑到外面不干净的地方，容易沾染上一些细菌，孩子抚摸宠物或让宠物舔自己时，就容易感染细菌，引起疾病，影响孩子的身体健康。

例如，小伟最近没有感冒和别的炎症，却忽然发烧、头疼，后来发展到浑身疼痛、淋巴肿大，经大夫检查，才知道是感染了弓形虫。这种弓形虫就是由于感染宠物身上带的病菌而引起的。因此，家长要注意宠物的卫生，经常给宠物洗澡，并且教育孩子尽量少直接接触宠物，尤其是不要让宠物舔舐。猫和狗都不可以突然惊吓，也不可以过分抚弄。虽然时间长了宠物和家里的小主人有感情，但宠物毕竟是动物，它们有一些人不太了解的性情，当被捉弄或招惹时容易发怒，可能会抓伤或咬伤孩子。有的孩子尤其是小男孩，高兴起来喜欢抓抓宠物这儿、挠挠那儿，如果太过分，就会引起宠物“反抗”，造成伤害。

家长应该告诉孩子，当试图接近宠物时，不要高声尖叫，这会吓着它；也不要捉弄宠物，不要惹怒宠物，对于猫和狗，应该特别注意不要拽着尾巴倒拖着走，这样很容易激怒它们。很多人家里的阳台上都养着小鸟，孩子喜欢经常凑到鸟笼子跟前给小鸟喂食或逗小鸟玩。由于小孩子的眼睛非常明亮，左顾右盼非常有神，有时容易被小鸟误认为是活动的捕食对象，突然啄食。所以家长最好把鸟笼放到小孩子够不到的地方，孩子要看时，注意不要离鸟笼太近。

还有一点要注意的是，要小心陌生宠物的袭击。自己家的宠物跟自己亲，别人家的宠物就未必了。一般来说，宠物只对和自己熟悉的人友好，对陌生人很容易有攻击性。因此家长要教育孩子不要招惹陌生宠物，当陌生宠物特别是小狗追来时，不要惊慌奔跑躲避，这样宠物会更起劲地追。这时要沉着，大声呵斥把小狗等镇住。对于狗，你可以假装弯腰捡石块，狗就不再追你，但也不要真的打别人的宠物。

一、动物传染病的预防

传染病在人群中的发生、传播和终止的过程，称为传染病的流行过程。

1. 流行过程的基本环节

传染病的流行必须具备三个基本环节，即传染源、传播途径和人群易感性。三个环节必须同时存在，方能构成传染病流行，缺少其中的任何一个环节，新的传染不会发生，不可能形成流行。

（1）传染源：指体内带有病原体，并不断向体外排出病原体的人和动物。在大多数传染中，病人是重要传染源，然而在不同病期的病人，传染性的强弱有所不同，尤其在发病期其传染最强。病原携带者包括病后病原携带和无症状病原携带，病后病原携带称为恢复期病原携带者，3 个月内排菌的为暂时病原携带，超过 3 个月的为慢性病原携带。病原携带不易发现，具有重要的流行病学意义。受染动物传播疾病的动物为动物传染源。以动物作为传染源传播的疾病，称为动物性传染病，如狂犬病、布鲁氏菌病等；以野生动物为传染源的传染病，称为自然疫源性传染病，如鼠疫、钩端螺旋体病、流行性出血热等病。

（2）传播途径：指病原体从传染源排出体外，经过一定的传播方式，到达与侵入新的易感者的过程。常见的传播途径有以下四种：

① 水与食物传播病原体借粪便排出体外，污染水和食物，易感者通过污染的水和食物受染。菌痢、伤寒、霍乱、甲型毒性肝炎等病通过此方式传播。

② 空气飞沫传播病原体由传染源通过咳嗽、喷嚏、谈话排出的分泌物和飞沫，使易感者吸入受染。流脑、猩红热、百日咳、流感、麻疹等病通过此方式传播。

③ 虫媒传播病原体在昆虫体内繁殖，完成其生活周期，通过不同的侵入方式使病原体进入易感者体内。蚊、蚤、蜱、恙虫、蝇等昆虫为重要传播媒介。蚊传疟疾、丝虫病、乙型脑炎、蜱传回归热、虱传斑疹伤寒、蚤传鼠疫、恙虫传恙虫病等病通过此方式传播。由于病原体在昆虫体内的繁殖周期中的某一阶段才能造成传播，故称生物传播。

④ 病原体通过蚊蝇机械携带传播于易感者称机械传播，如菌痢、伤寒等。接触传播有直接接触与间接接触两种传播方式。如皮肤炭疽、狂犬病等均为直接接触而受染，乙型肝炎为注射受染，血吸虫病、钩端螺旋体病为接触疫水传染，均为直接接触传播。多种肠道传染病通过污染的手传染，谓之间接传播。

（3）易感人群：指对某种传染病病原体的易感程度或免疫水平底的人群。主要为新生人口、易感者的集中或进入传染区、部队的新兵入伍，都易引起传染病流行病，病后经治疗获得免疫，不易传染病流行或终止其流行。

2. 影响流行过程的因素

（1）自然因素包括地理因素与气候因素。大部分虫媒传染病和某些自然疫源性传染病有较严格的地区和季节性。与水网地区、气候温和、雨量充沛、草木丛生适宜于储存宿主，与啮齿动物、节肢动物的生存繁衍、活动有关。寒冷季节易发生呼吸道传染病，夏秋季节易发生消化道传染病。

（2）社会因素主要与人民的生活水平，社会卫生保健事业的发展、预防普及密切相关。生活水平低与卫生条件差，可致机体抗病能力低下，无疑会增加感染的机会，亦是构成传染病流行的条件之一。

3. **流行特征**

（1）强度特征：传染病流行过程中可呈散发、暴发、流行及大流行的趋势。

（2）地区特征：某些传染病和寄生虫病只限于一定地区和范围内发生，自然疫源性疾病也只限于一定地区内发生，此等传染病因有其地区特征，故均称地方性传染病。

（3）季节特征：指传染病的发病率随季节的变化而升降，不同的传染病大致上有不同的季节性。季节性的发病率升高与温度、湿度、传播媒介因素、人群流动有关。

（4）职业特征：某些传染病与所从事的职业有关，如炭疽、布鲁氏菌病等。

（5）年龄特征：如某些传染病，尤其是呼吸道传染病，儿童发病率高。

二、防止被动物伤害

家里养有狗、猫等宠物，难免会出现一些意外。一旦被动物咬伤、抓伤，应就地及时对伤口进行清洗消毒，或到医院处理伤口；同时要及时到当地卫生防疫站注射狂犬病疫苗。否则，日后就有可能引发狂犬病。专家称，该病潜伏期短的10天，长的一年，通常2~3个月发作。该病极凶险，病死率几乎100%，发病后2~6天死亡。被动物抓伤、咬伤后的处理措施如下：

（1）正确处理伤口。伤口的正确处理是防止发病的关键，越早越好。先自行应急处理，其方法是先将伤口挤压出血，并用浓肥皂水反复冲洗伤口，再用大量清水冲洗（20分钟），这是预防狂犬病的决定性环节。擦干后用2%~5%碘酒和75%酒精涂擦伤口，以清除或杀灭污染伤口的狂犬病毒。只要未伤及大血管，尽量不要缝合，也不必包扎。伤口较大或面部重伤影响面容时，在做完清创消毒后，做松散的缝合和包扎，如伤口深、创面大，应放置引流条，以利于伤口污染物及分泌物的排出。创伤严重或发生在头、面、手、颈等处，在上述处理的基础上，皮试阴性后立即在伤口周围做抗狂犬病免疫血清浸润注射，而且必须在伤口缝合前应用。

（2）尽快注射狂犬疫苗。被动物抓伤、咬伤后应尽早注射狂犬疫苗，越早越好，并保证全程足量接种。首次注射疫苗的最佳时间是被抓伤、咬伤后的 24 小时内。具体注射时间是：分别于第 0、3、7、14、30 天各肌肉注射 1 支（2 毫升）疫苗，“0”是指注射第一支的当天（其余以此类推）。如果因诸多因素而未能及时注射疫苗，应本着“早注射比迟注射好，迟注射比不注射好”的原则使用狂犬疫苗。疫苗接种后应检测抗体是否产生，如没有抗体产生或抗体的滴度过低，应继续接种。

注意事项：在注射疫苗期间，应注意不要饮酒、喝浓茶、咖啡；亦不要吃有刺激性的食物，如辣椒、葱、大蒜等；同时要避免受凉、剧烈运动或过度疲劳，防止感冒。

附　录

学生伤害事故处理办法

第一章　总　则

第一条　为积极预防、妥善处理在校学生伤害事故，保护学生、学校的合法权益，根据《中华人民共和国教育法》、《中华人民共和国未成年人保护法》和其他相关法律、行政法规及有关规定，制定本办法。

第二条　在学校实施的教育教学活动或者学校组织的校外活动中，以及在学校负有管理责任的校舍、场地、其他教育教学设施、生活设施内发生的，造成在校学生人身损害后果的事故的处理，适用本办法。

第三条　学生伤害事故应当遵循依法、客观公正、合理适当的原则，及时、妥善地处理。

第四条　学校的举办者应当提供符合安全标准的校舍、场地、其他教育教学设施和生活设施。

教育行政部门应当加强学校安全工作，指导学校落实预防学生伤害事故的措施，指导、协助学校妥善处理学生伤害事故，维护学校正常的教育教学秩序。

第五条　学校应当对在校学生进行必要的安全教育和自护自救教育；应当按照规定，建立健全安全制度，采取相应的管理措施，预防和消除教育教学环境中存在的安全隐患；当发生伤害事故时，应当及时采取措施救助受伤害学生。

学校对学生进行安全教育、管理和保护，应当针对学生年龄、认知能力和法律行为能力的不同，采用相应的内容和预防措施。

第六条　学生应当遵守学校的规章制度和纪律；在不同的受教育阶段，应当根据自身的年龄、认知能力和法律行为能力，避免和消除相应的危险。

第七条　未成年学生的父母或者其他监护人（以下称为监护人）应当依法履行监护职责，配合学校对学生进行安全教育、管理和保护工作。

学校对未成年学生不承担监护职责，但法律有规定的或者学校依法接受委托承担相应监护职责的情形除外。

第二章　事故与责任

第八条　学生伤害事故的责任，应当根据相关当事人的行为与损害后果之间的因果关系依法确定。

因学校、学生或者其他相关当事人的过错造成的学生伤害事故，相关当事人应当根据其行为过错程度的比例及其与损害后果之间的因果关系承担相应的责任。当事人的行为是损害后果发生的主要原因，应当承担主要责任；当事人的行为是损害后果发生的非主要原因，可承担相应的责任。

第九条　因下列情形之一造成的学生伤害事故，学校应当依法承担相应的责任：

（一）学校的校舍、场地、其他公共设施，以及学校提供给学生使用的学具、教育教学和生活设施、设备不符合国家规定的标准，或者有明显不安全因素的；

（二）学校的安全保卫、消防、设施设备管理等安全管理制度有明显疏漏，或者管理混乱，存在重大隐患，而未及时采取措施的；

（三）学校向学生提供的药品、食品、饮用水等不符合国家或者行业的有关标准、要求的；

（四）学校组织学生参加教育教学活动或者校外活动，未对学生进行相应的安全教育，并未在可预见的范围内采取必要的安全措施的；

（五）学校知道教师或者其他工作人员患有不适宜担任教育教学工作的疾病，但未采取必要措施的；

（六）学校违反有关规定，组织或者安排未成年学生从事不宜未成年人参加的劳动、体育运动或者其他活动的；

（七）学生有特异体质或者特定疾病，不宜参加某种教育教学活动，学校知道或者应当知道，但未予以必要的注意的；

（八）学生在校期间突发疾病或者受到伤害，学校发现，但未根据实际情况及时采取相应措施，导致不良后果加重的；

（九）学校教师或者其他工作人员体罚或者变相体罚学生，或者在履行职责过程中违反工作要求、操作规程、职业道德或者其他有关规定的；

（十）学校教师或者其他工作人员在负有组织、管理未成年学生的职责期间，发现学生行为具有危险性，但未进行必要的管理、告诫或者制止的；

（十一）对未成年学生擅自离校等与学生人身安全直接相关的信息，学校发现或者知道，但未及时告知未成年学生的监护人，导致未成年学生因脱离监护人的保护而发生伤害的；

（十二）学校有未依法履行职责的其他情形的。

第十条　学生或者未成年学生监护人由于过错，有下列情形之一，造成学生伤害事故，应当依法承担相应的责任：

（一）学生违反法律法规的规定，违反社会公共行为准则、学校的规章制度或者纪律，实施按其年龄和认知能力应当知道具有危险或者可能危及他人的行为的；

（二）学生行为具有危险性，学校、教师已经告诫、纠正，但学生不听劝阻、拒不改正的；

（三）学生或者其监护人知道学生有特异体质，或者患有特定疾病，但未告知学校的；

（四）未成年学生的身体状况、行为、情绪等有异常情况，监护人知道或者已被学校告知，但未履行相应监护职责的；

（五）学生或者未成年学生监护人有其他过错的。

第十一条　学校安排学生参加活动，因提供场地、设备、交通工具、食品及其他消费与服务的经营者，或者学校以外的活动组织者的过错造成的学生伤害事故，有过错的当事人应当依法承担相应的责任。

第十二条　因下列情形之一造成的学生伤害事故，学校已履行了相应职责，行为并无不当的，无法律责任：

（一）地震、雷击、台风、洪水等不可抗的自然因素造成的；

（二）来自学校外部的突发性、偶发性侵害造成的；

（三）学生有特异体质、特定疾病或者异常心理状态，学校不知道或者难于知道的；

（四）学生自杀、自伤的；

（五）在对抗性或者具有风险性的活动中发生意外伤害的；

（六）其他意外因素造成的。

第十三条　下列情形下发生的造成学生人身损害后果的事故，学校行为并无不当的，不承担事故责任；事故责任应当按有关法律法规或者其他有关规定认定：

（一）在学生自行上学、放学、返校、离校途中发生的；

（二）在学生自行外出或者擅自离校期间发生的；

（三）在放学后、节假日或者假期等学校工作时间以外，学生自行滞留学校或者自行到校发生的；

（四）其他在学校管理职责范围外发生的。

第十四条 因学校教师或者其他工作人员与其职务无关的个人行为，或者因学生、教师及其他个人故意实施的违法犯罪行为，造成学生人身损害的，由致害人依法承担相应的责任。

第三章 事故处理程序

第十五条 发生学生伤害事故，学校应当及时救助受伤害学生，并应当及时告知未成年学生的监护人；有条件的，应当采取紧急救援等方式救助。

第十六条 发生学生伤害事故，情形严重的，学校应当及时向主管教育行政部门及有关部门报告；属于重大伤亡事故的，教育行政部门应当按照有关规定及时向同级人民政府和上一级教育行政部门报告。

第十七条 学校的主管教育行政部门应学校要求或者认为必要，可以指导、协助学校进行事故的处理工作，尽快恢复学校正常的教育教学秩序。

第十八条 发生学生伤害事故，学校与受伤害学生或者学生家长可以通过协商方式解决；双方自愿，可以书面请求主管教育行政部门进行调解。成年学生或者未成年学生的监护人也可以依法直接提起诉讼。

第十九条 教育行政部门收到调解申请，认为必要的，可以指定专门人员进行调解，并应当在受理申请之日起60日内完成调解。

第二十条 经教育行政部门调解，双方就事故处理达成一致意见的，应当在调解人员的见证下签订调解协议，结束调解；在调解期限内，双方不能达成一致意见，或者调解过程中一方提起诉讼，人民法院已经受理的，应当终止调解。调解结束或者终止，教育行政部门应当书面通知当事人。

第二十一条 对经调解达成的协议，一方当事人不履行或者反悔的，双方可以依法提起诉讼。

第二十二条　事故处理结束，学校应当将事故处理结果书面报告主管的教育行政部门；重大伤亡事故的处理结果，学校主管的教育行政部门应当向同级人民政府和上一级教育行政部门报告。

第四章　事故损害的赔偿

第二十三条　对发生学生伤害事故负有责任的组织或者个人，应当按照法律法规的有关规定，承担相应的损害赔偿责任。

第二十四条　学生伤害事故赔偿的范围与标准，按照有关行政法规、地方性法规或者最高人民法院解释中的有关规定确定。

教育行政部门进行调解时，认为学校有责任的，可以依照有关法律法规及国家有关规定，提出相应的调解方案。

第二十五条　对受伤害学生的伤残程度存在争议的，可以委托当地具有相应鉴定资格的医院或者有关机构，依据国家规定的人体伤残标准进行鉴定。

第二十六条　学校对学生伤害事故负有责任的，根据责任大小，适当予以经济赔偿，但不承担解决户口、住房、就业等与救助受伤害学生、赔偿相应经济损失无直接关系的其他事项。

学校无责任的，如果有条件，可以根据实际情况，本着自愿和可能的原则，对受伤害学生给予适当的帮助。

第二十七条　因学校教师或者其他工作人员在履行职务中的故意或者重大过失造成的学生伤害事故，学校予以赔偿后，可以向有关责任人员追偿。

第二十八条　未成年学生对学生伤害事故负有责任的，由其监护人依法承担相应的赔偿责任。

学生的行为侵害学校教师及其他工作人员以及其他组织、个人的合法权益，造成损失的，成年学生或者未成年学生的监护人应当依法予以赔偿。

第二十九条 根据双方达成的协议、经调解形成的协议或者人民法院的生效判决，应当由学校负担的赔偿金，学校应当负责筹措；学校无力完全筹措的，由学校的主管部门或者举办者协助筹措。

第三十条 县级以上人民政府教育行政部门或者学校举办者有条件的，可以通过设立学生伤害赔偿准备金等多种形式，依法筹措伤害赔偿金。

第三十一条 学校有条件的，应当依据保险法的有关规定，参加学校责任保险。

教育行政部门可以根据实际情况，鼓励中小学参加学校责任保险。

提倡学生自愿参加意外伤害保险。在尊重学生意愿的前提下，学校可以为学生参加意外伤害保险创造便利条件，但不得从中收取任何费用。

第五章 事故责任者的处理

第三十二条 发生学生伤害事故，学校负有责任且情节严重的，教育行政部门应当根据有关规定，对学校的直接负责的主管人员和其他直接责任人员，分别给予相应的行政处分；有关责任人的行为触犯刑律的，应当移送司法机关依法追究刑事责任。

第三十三条 学校管理混乱，存在重大安全隐患的，主管的教育行政部门或者其他有关部门应当责令其限期整顿；对情节严重或者拒不改正的，应当依据法律法规的有关规定，给予相应的行政处罚。

第三十四条 教育行政部门未履行相应职责，对学生伤害事故的发生负有责任的，由有关部门对直接负责的主管人员和其他直接责任人员分别给予相应的行政处分；有关责任人的行为触犯刑律的，应当移送司法机关依法追究刑事责任。

第三十五条 违反学校纪律，对造成学生伤害事故负有责任的学生，学校可以给予相应的处分；触犯刑律的，由司法机关依法追究刑事责任。

第三十六条 受伤害学生的监护人、亲属或者其他有关人员，在事故处理过程中无理取闹，扰乱学校正常教育教学秩序，或者侵犯学校、学校教师或者其他工作人员的合法权益的，学校应当报告公安机关依法处理；造成损失的，可以依法要求赔偿。

第六章　附　则

第三十七条　本办法所称学校，是指国家或者社会力量举办的全日制的中小学（含特殊教育学校）、各类中等职业学校、高等学校。本办法所称学生是指在上述学校中全日制就读的受教育者。

第三十八条　幼儿园发生的幼儿伤害事故，应当根据幼儿为完全无行为能力人的特点，参照本办法处理。

第三十九条　其他教育机构发生的学生伤害事故，参照本办法处理。

在学校注册的其他受教育者在学校管理范围内发生的伤害事故，参照本办法处理。

第四十条　本办法自2002年9月1日起实施，原国家教委、教育部颁布的与学生人身安全事故处理有关的规定，与本办法不符的，以本办法为准。

在本办法实施之前已处理完毕的学生伤害事故不再重新处理。